总量减排目标下的我国二氧化碳减排路径及对策研究

李华楠　著

科学出版社

北京

内 容 简 介

本书基于二氧化碳总量减排的大背景，围绕我国的二氧化碳减排路径及对策的若干关键科学问题，采用管理学、计量经济学、能源经济学、运筹学和工程学等多学科理论、模型和方法，从可持续发展以及气候变化的视角，深入探讨和分析了我国的二氧化碳减排问题，提出了一系列重要的基本结论和可行的政策建议。

本书适合能源经济与管理、温室气体减排政策研究领域的专业人员阅读，也可供从事气候变化管理工作的政府公务人员、企业管理人员、高等院校师生参考。

图书在版编目（CIP）数据

总量减排目标下的我国二氧化碳减排路径及对策研究 / 李华楠著.
—北京：科学出版社，2017. 9
　ISBN 978-7-03-054617-3

　Ⅰ.①总…　Ⅱ.①李…　Ⅲ.①二氧化碳－减量化－排气－研究－中国　Ⅳ.①X511

中国版本图书馆 CIP 数据核字 (2017) 第 238275 号

责任编辑：王　倩 / 责任校对：彭　涛
责任印制：张　伟 / 封面设计：无极书装

科 学 出 版 社 出版
北京东黄城根北街 16 号
邮政编码：100717
http://www.sciencep.com

北京建宏印刷有限公司 印刷
科学出版社发行　各地新华书店经销

*

2017 年 9 月第　一　版　开本：720 × 1000 B5
2020 年 1 月第三次印刷　印张：7 1/2
字数：150 000

定价：68.00 元
（如有印装质量问题，我社负责调换）

目 录

第1章 绪 论

1.1 研究背景

全球气候变化是 21 世纪人类共同面对的挑战之一，它不仅反映了气候系统本身存在的问题，而且已经扩散到政治、经济和能源等领域，是影响人类生存与发展的重大环境问题。近年来，全球气候异常变化不断增多。目前科学家已观测到许多生物和自然系统的异常变化，如物种迁徙、冰川退化及物种特征发生变化等。这些现象都与近些年气候的变暖具有一致性。珊瑚礁、冰川、红树林、热带和寒带森林、山地与极地生态系统、湿地草原等一些独特的生态系统由于气候变化暴露出越来越明显的脆弱性。更严重的是，许多生物物种的灭绝速度由于气候变化将可能加快，并且气候异常或极端天气的发生频率也将会升高。受到全球气候变化的影响，近 50 年来，我国极端天气气候事件的发生频率和强度出现了明显变化，全国平均炎热日数呈现先下降后增加的趋势，而近 20 年上升较明显，华北和东北地区干旱面积呈增加趋势，长江中下游流域和东南部地区洪涝灾害加重。除了极端气候事件外，冰川的融化也是备受人们关注的全球气候变化的影响后果之一。基于 2006 年发布的《气候变化国家评估报告》，我国的西部冰川到 2050 年估计将会减少27.2%。该报告还指出，我国未来的气候变化速度将会进一步加快，在未来

50 ~ 80 年全国平均温度很可能升高 2 ~ 3℃。气候变暖将给我国造成严重的损失。据预测,我国的沿岸海平面到 2030 年上升的幅度可能为 10 ~ 16cm,这将会使海岸区的洪水泛滥机会增大。此外,农业生产的不稳定性也因气候变化而增加,产量变化幅度随之增大。到 2030 年,如果不采取任何相应措施,那么我国种植业的生产能力在总体上可能会下降 5% ~ 10%;到 21 世纪下半期,小麦、水稻和玉米等中国主要的农作物产量可能下降 37%,我国的粮食安全将会受到长期的严重影响。

气候变化已经引起了全球性的普遍关注,人类已经逐渐意识到了其可能导致的严重后果。因此,我们必须采取强有力的措施去应对这一严重威胁人类生存和地球生态环境的环境问题。世界各国都在通过各种手段积极努力地减少温室气体排放,以减缓全球温度的持续升高,减少温室效应对人类生存环境的影响。1990 年,国际气候公约谈判启动。2005 年 2 月,《京都议定书》正式生效,其主要内容为约束工业发达国家的温室气体排放量,要求 2008 ~ 2012 年工业发达国家在 1990 年的温室气体排放量基础上平均减少 5.2 %;2005 年 12 月,后京都谈判在蒙特利尔气候大会上决定启动。2007 年,全球各国高度关注气候变化和推动低碳经济。2007 年 3 月,欧盟决定到 2020 年比 1990 年水平减排 20% ~ 30%。2007 年 4 月,气候变化被联合国安理会列为涉及国际安全的议题,当月,中国环境与发展国际合作委员会召开了低碳经济和能源与环境政策研讨会。2007 年 9 月,在联合国大会和亚太经济合作组织 (APEC) 会议上,气候变化被列为其重要议题。2007 年 12 月,规模空前的联合国气候大会在印度尼西亚召开,这是为了制定《巴厘岛路线图》。同时,欧盟计划实施气候变化项目 (climate change projects) 和碳交易 (carbon trading),美国加利福尼亚州立法严格要求企业减排二氧化碳。自 2005 年 2 月 16 日《京都议定书》生效以来,全球温室气体排放已经得到一定程度的控制。

2009年12月，联合国气候变化大会中发表《哥本哈根协议》，根据政府间气候变化专门委员会(IPCC)第四次评估报告的科学观点，提出将全球平均温升控制在工业革命以前2℃的长期目标。这就意味着必须将大气层中温室气体浓度控制在450 ppm[①]以下，然而完成这样的目标对温室气体的减排压力将是十分巨大的。世界各国在后京都时代必须采取新的减排技术措施及积极的减排态度和有力的政策减少温室气体的绝对排放量。但随着经济的快速发展，全球的二氧化碳排放量(最主要的温室气体)在一定时期内仍将继续增长，加上世界各国参差不齐的技术水平、全球人口增长、经济投入及工业发展等诸多因素，减缓气候变化、减少温室气体排放任重而道远。全球二氧化碳排放趋势的预测值与实际值对比如图1.1所示。

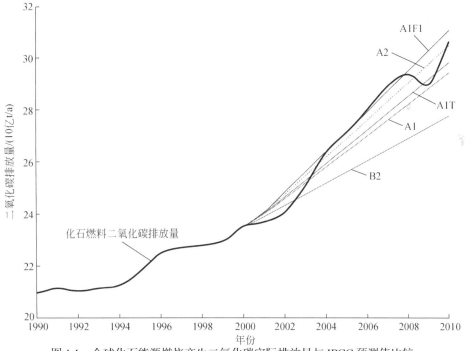

图1.1 全球化石能源燃烧产生二氧化碳实际排放量与IPCC预测值比较

资料来源：政府间气候变化委员会（IPCC）；国际能源署（IEA）

---

① 1ppm=1ml/m³。

改革开放 30 余年来，中国经济以前所未有的速度发展，在世界上的影响力与日俱增，而如此快速的经济发展也带来了人口增长、环境污染、产业结构和能源消费结构不合理等众多问题。同时，由于工业发展的突飞猛进，我国温室气体的排放量也越来越多。随着中国经济的持续高速发展，中国的二氧化碳排放量将进一步增加。多项研究表明，目前，中国的二氧化碳排放总量已经超过美国，居世界首位。尽管在《京都议定书》中没有承担减排义务，但作为世界上最大的发展中国家和世界第一大二氧化碳排放国，后京都时代中国的温室气体减排压力将会越来越大。我国作为一个负责任的大国，一直以来都认真贯彻和落实温室气体的减排政策，并且取得了一定的成绩。"十一五"期间我国明确规定：到 2010 年全国单位国内生产总值能源消耗比 2005 年年末要下降 20% 左右。这意味着在"十一五"期间我国需要节约能源 6.2 亿 tce 左右，相当于减少二氧化碳排放约 15 亿 t。但是，就目前我国的能源消费结构及节能技术水平来看，还存在着一系列问题有待解决，如能源消费加快、能源利用率低、能源结构不合理等。我国温室气体减排目标的实现任重而道远。近年来，我国温室气体排放相关问题已经成为国内外学术界、环境界、能源界关注和研究的热点之一。

1.2　国内外研究现状

近些年，人类活动与气候变化的相互作用及一系列由此产生的相关问题，引起了各国政府和学者的广泛关注及研究。对全球气候变化的研究大概始于 20 世纪 80 年代，20 多年来全世界已经有 70 多个国家和地区先后成立了国家级的全球气候变化研究委员会，以协调和组织国家和地区的全球变化研究工作[1]。

温室气体排放及影响评价分析模型是气候变化研究的主要内容。目前,国际上已开发的较成熟的各类排放模型很多,大多是和能源模型相结合,在能源模型的基础上进行排放模型的演变。情景分析是温室气体减排模型中最基本的方法。情景分析是指对现状和未来发展的情景 (scenarios) 设置。情景分析中,自上而下 (top-down)、自下而上 (bottom-up) 和两者的综合是二氧化碳减排及影响评价分析的三种基本建模角度。根据不同的需要和分析角度,可以建立不同的情景模型,不同的情景分析有不同的适用周期[2]。自上向下模型包括宏观计量模型、系统动力学模型、一般均衡 (computational general equilibrium,CGE) 模型等。自下而上模型也可以称为技术模型,包括工程经济计算模拟等,如基于 MARKAL 模型的排放模型、基于 LEAP 模型的排放模型。这些模型从不同的建模角度进行模型构建,并且根据具体研究的问题有选择地强化模型在某些方面的功能[3-5]。从模型的研究内容上大致可以分为两种:温室气体减排潜力分析及影响评价模型、温室气体削减技术分析及影响评价模型。

CGE 模型是瑞典斯德歌摩经济学院于 20 世纪 60 年代末开发的一般均衡能源模型,后又经过发展完善,于 20 世纪 80 年代末建立了能源 – 环境 – 经济 CGE 模型[6]。它是自上而下模型的代表,主要模拟和预测能源、环境与经济发展之间的相互影响。由于 CGE 模型在政策模拟分析方面具有的优势,以及经济因素在全球气候变化及温室气体减排问题当中的核心地位,CGE 模型现已发展成为国际上研究全球气候变化及温室气体减排问题的主流方法。Zhang[7] 通过构建动态 CGE 模型研究了我国的二氧化碳减排对经济各部门能源消费和环境排放的影响。中国社会科学院的数量经济与技术经济研究所开发建立了中国能源经济 CGE 模型,来分析不同情景下我国的二氧化碳减排成本[8]。王灿等利用 CGE 模型分析了二氧化碳减排对中国经济的影响[9]。美国哈佛大学的 Garbaccio、HO 和 Jorgensen 基于 CGE 模型开发了中国经济 – 能源 – 环境的动态 CGE 模型[10]。Masui 构建了一个动态回归的政策评估一般均衡模型——AIM/Material，用于分析日本在环境约束下的温室气体减排政策和垃圾治理政策[11]，并对日本 2030 年以前的碳减排技术进行了评估[12]。Lu 等基于 CGE 分析以中国西部的陕西省为例研究了能源投资对经济增长和二氧化碳减排的影响[13]。沈可挺基于贺菊煌教授建立的 CGE-HE 模型分析了我国碳税对国民经济的整体性和结构性影响，以期更加全面地分析碳税等减排政策的传导机制，并对减排成本有一个更加全面的揭示[14]。从均衡过程可以看出经典 CGE 模型存在的一个问题，那就是投资与技术之间缺乏直接的关系，技术变化的确定存在一定的外生性与任意性。CGE 模型的问题主要体现在以下几方面：①模型中的替代弹性、价格弹性和收入弹性的取值一般根据历史样本估计得到，由于技术成本的变化，以及新技术的出现，弹性参数在预测期有可能发生很大变化。这倾向于高估部门的消耗，就减排而言，可能高估减排政策的成本。而我国的研究，由于缺乏必要的实证根据，因此大部分情况下只能推测。②由于部门集合程度很高，无法对具体技术进行很好模拟，新技术的引入缺乏合理的模拟方法，随生产函数的系数变化。例如，自动效率改进系数 (AEEI) 体现的渐进技术进步缺乏对于重大技术进步的影响分析，其分析结果往往是过去趋势的平滑延续。因此，CGE 模型分析得到的未来趋势，基本是现有发展的一个外推拷贝，未来的发展与现在非常类似[15]。其他应用自上向下模型进行温室气体减排方面的研究还有：Chung 等改进了一个基于几何分布滞后需求的能源进程模型——GDL 模型，用于二氧化碳排放政策控制分析。GDL 模型考虑了石油、煤、电力、气的供需，评估了二氧化碳排放控制政策对美国和加拿大的影响[16]。Kunsch 和 Springael 运用动态分析和模糊理论模拟了居民部门的碳税政策对碳减排的影响[17]。

Kwon 利用情景分析，基于"影响 = 人口 × 附加 × 技术"理论，研究了英国汽车部门的二氧化碳排放趋势[18]。Kawase 等利用扩展的 Kaya 指数进行了二氧化碳排放因素分解分析，讨论了日本的长期气候稳定情景模型[19]。Fan 等运用投入 - 产出模型，对中国的能源需求和二氧化碳排放进行了情景分析[20]。Samuel 等分析了国际合作减排二氧化碳的收益，利用纳什均衡理论和社会最优化理论，指出了目前各国对温室气体减排的不同态度主要取决于经济因素[21]。Arar 和 Southgate 应用时间自回归分析模型，对美国的碳减排目标进行了情景分析[22]。Lia 等根据关于储藏经济的容量潜力和二氧化碳供应潜力对储藏点进行分级，以固定排放源和储藏点年度总额的距离来描述存储站点的供应潜力[23]。Svensson 等根据不同的成本、容量、距离、运输方式和储藏类型确认和分析不同的二氧化碳运输情景[24]。李永等将源汇匹配问题归结为一个具有多背包问题性质的组合最优化问题。在确定折现减排总成本最小化的目标下，通过引入虚拟汇，建立了 CCS 源汇匹配数学模型，并选择与贪婪算法相结合的混合遗传算法作为模型的优化算法[25]等。

自下向上模型主要研究最底层单位的技术经济变化所导致的综合效应和随之产生的经济影响。这类模型跟 CGE 模型形成了鲜明对比。由于其较详细地描述了各种工艺流程和具体技术，因此在评估资源生产技术的替代效应方面具有较高可信度。在自下而上的能源模型中，Markal、AIM 及 Leap 模型较具有代表性。Markal(Market allocation)[26, 27] 模型是由国际能源署于 1976 ~ 1981 年发起，由美国、德国等国家共同努力，基于工程角度建立起的一种能源供应技术远期动态线性优化模型。随着不断的发展和完善，Markal 模型的交互界面已经由 MUSS(Markal user support system) 发展到现在的 ANSWER Markal[28]。陈文颖等利用建立的中国 MARKAL-MACRO 模型对未来能源发展与碳排放的基准方案以及碳减排对中国能源系统的可能影响进行了研究[29]。

Sato 等应用 MARKAL 模型分析了 1990 ～ 2050 年日本 CO_2 减排的潜力，并确定了未来日本的主要能源和能源技术选择[30]。Ybema 等利用 MARKAL 的改进模型，分析了在近期减排政策中考虑长期减排的风险[31]。Gielen 和 Chen 运用 MARKAL 模型分析了温室气体减排的附加效益——污染物的减排[32]。Ichinohe 和 Endo 应用 MARKAL 模型对日本的交通部门的碳减排进行了分析[33]。Kram 应用 MARKAL 模型，对 9 个国家的二氧化碳减排潜力进行了分析[34]。Ko 等应用 MARKAL-MACRO 模型，对台湾碳温室气体排长期目标进行了情景分析、影响评估和政策优化[35]。

由瑞典斯德哥尔摩环境研究所 (SEI) 开发的 LEAP 模型是静态能源环境经济模型。该模型通过建立数学模型来预测各部门的能源需求、消费和环境影响，并详细分析各种可用方案的环境和经济效益，实现了能源消费的系统仿真，通常被称为"终端能源消费模型"[36]。Wang 等应用 Leap 模型，分析了不同情境下中国钢铁部门的碳减排潜力[37]。AIM 模型是一个著名的能源终端消费模型，由日本国立环境研究所 (NIES) 于 1994 年开发。该模型旨在对由人类活动导致的温室气体排放、温室气体排放增加导致的气候变化，以及气候变化对自然环境、社会、经济产生的影响进行综合分析。因此，评价控制地球温暖化各种对策的实施效果常常用到该模型[38]。应用 AIM 模型，Jiang 等全面地分析了未来中长期亚太地区发展中国家的温室气体排放情况[39]。胡秀莲和姜克隽基于 AIM 模型对我国的温室气体减排技术及减排效果进行了综合评价分析，给出了三种不同情景下我国的温室气体排放预测结果[40]。在温室气体减排模型方面，其他利用自下向上模型进行研究主要有：Wang 从自下向上的角度考虑针对交通部门的所有可能的减排政策，研究技术效率的提升对和减排成本的影响，预测了各种政策情境下的减排潜力[41]。Akimoto 等开发了一个混合整数规划模型，该模型考虑了 CCS 技术的特性，以及运输和二氧化碳地下储藏的成本对经济领域的影响[42]。胥蕊娜等针对电力部门，重点总结并比较了各种二氧化碳捕集技术成本，分析了影响成本的重要因素，量化捕集过程中的效率损失、能源需求及相关资源消耗。结合中国未来发展趋势，分析实行二氧化碳捕集技术对中国能源和经济的影响[43]。黄斌等介绍电厂二氧化碳捕获技术路线、二氧化碳分离技术、二氧化碳的封存技术[44]。Motoaki Utamura 构建了一个基于能源投资回收效应的二氧化碳排放分析模型，该模型通过可再生能源替代矿物燃料的方式实现二氧化碳减排[45]。Wahbaa 等使用 PAGE2002 模型计算了二氧化碳在 IPCC 的 A2 和 B2 两个减排情景下的边际影响，以及各地区部门随着时间的推移它们所产生的影响[46]。Dooleya 等在假设未来气候政策和二氧化碳捕获与储存 (CCS) 技术的有效成本的大规模可获得性前提下，研究了美国大规模非传统燃料生产和二氧化碳捕获及储存技术的作用[47]。Bistline 等分析了在美国电力部门中，碳捕获和储存 (CCS) 技术在减少温室气体排放量上的潜在贡献[48]。Fan 等用 I-O 模型考虑技术、人口、经济和城市化 4 个因素，计算了能源需求与二氧化碳排放量，并用 Visual Basic 6.0 开发出计算中国能源需求和二氧化碳排放量分析系统相应软件 (CErCmA)[49]。自下向上模型的最大问题在于它本质上属于部分均衡模型，不包含经济模块，所有的宏观经济与结构变量都必须外生确定，无法反映政策的宏观与结构影响。这种经济变量的外生对于政策模拟与评估研究存在困难。

可进行宏观经济分析和能源政策评价的自上而下模型 (能源经济模型) 与可对能源消费和能源生产过程的技术进行系统描述和仿真的自下而上模型 (能源工程模型) 有机结合就是混合能源模型。目前比较有代表性的混合能源模型有美国能源部、国际能源署开发的能源经济区域模型 (NEMS)[50]、国际应用系统分析研究所 (IIASA) 和世界能源委员会 (WEC) 开发的动态线性规划能源 –

经济 – 环境模型 (IIASA-WECE3)[51]、欧盟开发的研究预测和长期能源规划的能源经济模型 (MIDAS)[52]。通过对我国的能源模型进行深入研究，张阿玲等构建了中国的能源 – 经济 – 环境系统的综合分析评价模型[15, 52]。郑淮等在INET 模型的基础上借鉴国内外模型发展经验，提出了改进的经济 – 能源 – 环境 (3E) 模型。该模型基于中国经济社会发展现状，通过引进电力负荷曲线、技术改造投资等工具改进交互界面，针对我国经济发展中出现的一些问题和统计数据不易收集等问题，构造适合中国国情的研究温室气体减排 / 限排问题的模型工具[53]。Kainuma 等采用投入 – 产出模型 (I-O) 和一般均衡模型 (GE模型) 估计了二氧化碳排放量。I-O 模型可以有效地估计产品直接的二氧化碳排放量，但不能并入社会经济结构变化引起的间接效应，而 GE 模型可以并入结构变化的非线性效应[54]。

综上分析可以看出，关于温室气体减排相关模型的研究，国外学者做了大量深入细致的工作。国内研究由于起步比较晚，在模型开发方面处于起步阶段，研究成果相对较少，落后于世界先进水平，需要在建模方法上进行探索和积累实践经验[55]。

目前国内外的研究成果虽然给我们提供了大量可供借鉴的基本模型和方法，但是缺乏通用性，并且缺少综合评估模型。国内引进的成熟模型，如LEAP、MARKAL 等都是依据国外的经济体系建立的，不能充分考虑中国的国情，所以每个分析模型都具有一定的局限性。

1.3 研究的由来、目的及意义

1.3.1 研究的由来

本书的研究是在国家自然基金青年基金项目"区域能源经济 4E 系统耦

合优化模型及其在碳减排中应用"(基金号: 71401010) 和中国博士后基金"基于碳减排的区域能源经济系统优化模型研究"(基金号: 2014M550024) 的支持下完成的。

1.3.2 研究的目的及意义

全球气候变暖日益引起国际社会的普遍关注,并成为世界各国共同面临的危机和挑战。中国是世界上最大的发展中国家,据粗略计算,1990 年,我国的二氧化碳排放总量为 23.92 亿 t,而 2013 年我国二氧化碳排放总量为 84.27 亿 t,年均增长率高达 7.25%。目前,中国二氧化碳的排放量已经超过美国,位居世界第一。据估计,2013 年二氧化碳排放量占全球二氧化碳排放量的 27%。随着中国经济的快速发展,二氧化碳排放量不可避免地会继续出现一定幅度的增加,中国的二氧化碳总量减排的压力将越来越大。2009 年在哥本哈根气候大会上,中国政府做出了到 2020 年碳排放强度比 2005 年下降 40%~45% 的承诺,考虑到我国"十二五"和"十三五"经济年均增速分别为 7% 和 6%,那么如果要实现这个承诺,我国到 2020 年的二氧化碳排放总量的年均增长率仍将高达 4.15%(碳排放强度下降 40% 目标下)和 3.38%(碳排放强度下降 45% 目标下),碳排放总量仍然巨大。特别是在 2014 年的北京 APEC 会议上,中美两国领导人共同签署了《中美气候变化联合声明》,声明中我国政府承诺我国的二氧化碳排放在 2030 年前后达到峰值,并尽早达到。因此,研究碳总量减排目标下我国的二氧化碳减排路径十分重要,其不仅有利于我国的可持续发展,而且对缓和全球气候变暖具有重要意义。

减排路径,顾名思义,即是指二氧化碳的减排措施和手段,既包括减排政策的制定,又包括减排技术的升级与推广。从宏观角度来说,减排路径是使主要指标下降的各项政策措施的集合；从微观角度来说，减排路径是能达到减排效果的各项具体手段，如调结构、技术改造等。从范围上来说，减排路径不是唯一的一种发展方式，而是达到社会、经济、能源、环境协调发展的不同政策和手段的集合。减排路径这一概念在国内外很多研究文献中均有涉及，怎样找到最优减排路径，即最优的减排措施集合是目前国内外学者研究的重点。本书正是基于这样一种研究思想，通过对围绕我国二氧化碳减排的不同问题的回答，提出一些有利于实现我国二氧化碳减排目标的政策措施。

二氧化碳排放是一个复杂的大系统问题。对于这样的技术问题和相关经济问题，目前可行的分析手段是模型分析方法，即对实际的技术和相关社会指标用计算模型进行分析、预测与评价，用得到的研究结果来指导相应的实际技术应用。这不仅可以降低技术施行的风险，同时可以指导相关政策的制定。

因此，针对上述科学问题，开展适合我国国情的二氧化碳总量减排理论与方法研究，具有重要的现实意义。本书在借鉴国内外经典数学模型方法的基础上进行了一定的创新，从定量和定性两个角度对中国二氧化碳的减排问题进行了分析和探讨，以期达到以下研究目的。

(1) 通过对我国碳排放现状及近年来碳流通变化情况进行分析，找出我国社会经济系统中的碳排放特点。

(2) 通过对我国未来的二氧化碳总量减排目标进行优化分析，找出我国在碳排放增量最小化的目标下未来可行的发展方式，为我国未来的二氧化碳减排政策提供理论依据。

(3) 通过对碳排放峰值目标的分析，给出我国能否实现该目标的个人观点。

(4) 通过对重点行业的低碳发展技术进行分析，从定性的角度得出我国的碳减排策略。

(5) 通过情景分析和优化分析,对可能条件下的我国 CCS 发展技术选择进行研究,以期为我国减碳技术的发展提出一定对策。

1.4 本书的思路及研究框架

1.4.1 研究框架与技术路线

根据目前国内外关于二氧化碳减排等问题的分析研究进展方向,同时结合课题研究的需要,本书拟从以下几方面对中国的二氧化碳减排的道路选择与评价研究等问题进行定性和定量综合分析。

(1) 我国社会经济系统中与能源相关的二氧化碳排放的现状如何? 近些年,碳流有哪些变化?

(2) 从自上而下的角度,我国二氧化碳总量减排背景下的产业如何发展?

(3)2030 年我国碳排放达到峰值这一目标能否实现?

(4) 从自下而上的角度,我国的关键减排行业和关键减排技术有哪些?

(5) 作为减排的另一重要途径,去碳技术 (如 CCUS) 项目在我国该如何发展?

本书研究的技术路线如图 1.2 所示。

如图 1.2 所示,本书首先进行了文献调研和数据整理的前期研究。由于我国二氧化碳排放主要来自于化石燃料的燃烧,因此在前期研究的基础上,本书第 2 章对我国能源消费及能源相关的二氧化碳排放现状,以及近几年的碳流变化情况进行了分析讨论。本书第 3 章基于第 2 章的研究结果,在总量减排的目标下,对我国未来社会经济、产业发展方式,从自上向下的角度进行了优化分析。第 4 章内容紧扣本书主题及时代背景,基于第 2 章和第 3 章

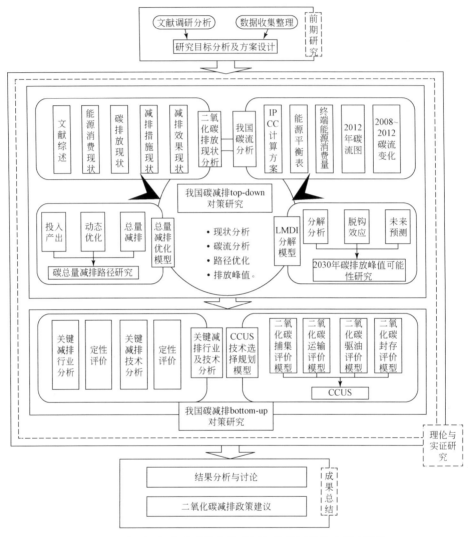

图 1.2　我国二氧化碳减排路径选择与效果评价综合模型框架

的研究结果，应用 LMDI 方法和脱钩理论，对我国能否实现 2030 年碳排放达峰值这一目标进行了探讨。从行业和技术的角度来分析碳减排是十分必要的，第 5 章对我国的关键减排行业和减排技术进行了定量分析。第 6 章对 CCUS 技术的选择进行了分析与讨论。第 7 章总结了全书，并提出了政策建议。

1.4.2　本书的结构安排

根据上述思路和技术路线,本书分为 7 章,主要内容如下所述。

第 1 章:绪论。本章主要介绍了温室气体减排的研究背景及目前国内外关于该问题的研究现状;同时阐述了本书的研究目的与意义,以及本书思路与本书框架及结构安排。

第 2 章:中国碳排放现状及碳流变化趋势分析。本章首先分析了我国近年的二氧化碳排放现状,然后根据 IPCC 碳流计算方法,对我国 2008 ~ 2012 年的二氧化碳流动情况进行了计算分析,并比较其变化趋势。

第 3 章:总量减排目标下我国碳减排模式研究。本章根据第 2 章的研究结论,结合我国二氧化碳排放的实际特点,基于 Inpuo-Output 模型、SDA 结构分解模型及动态优化模型,在总量减排的目标下,对我国未来社会经济、产业发展方式,从自上向下的角度进行了优化分析。

第 4 章:我国 2030 年碳排放量达峰可能性。本章主要基于 LMDI 方法及脱钩理论,建立了我国 2030 年碳峰值情景分析模型。探讨在目前可能的情境下,2030 年我国碳排放量达峰的难易程度。

第 5 章:我国关键行业低碳发展技术分析。本章从定性的角度分析了我国可行的关键减排行业和关键减排技术,从自下向上的角度对碳减排对策进行补充。

第 6 章:CCUS 技术规划选择研究。对于 CCUS 技术的规划选择进行了分析与探讨。

第 7 章:总结。本章总结了本书的主要工作,并对今后的研究工作进行了展望。

第2章 中国碳排放现状及碳流变化趋势分析

2.1 中国二氧化碳排放现状分析

近年来，随着中国经济的发展，我国二氧化碳排放量呈现高速增长趋势。化石燃料燃烧是我国二氧化碳排放的主要来源，排放量约占全国二氧化碳排放量的90%。1990～2013年，我国能源消费量从9.87亿 tce 增长到37.5亿 tce，年均增长率为5.98%。与此同时，由于能源消耗所排放的二氧化碳量由23.92亿 t 猛增到84.27亿 t，年均增长率高达5.62%，如图2.1所示。1990～2013年我国的二氧化碳排放量呈现出3个发展阶段：第一阶段为1990～1996年，排放量的增长趋势较为平缓，总量增加了35.05%；第二阶段为1996～2002年，二氧化碳排放量变化先略微下降，然后上升，增长了14.8%；第三阶段为2002～2013年，二氧化碳排放量急剧增加，年均增长率高达7.74%，总量增长了127.22%。从能源种类的构成来看，我国能源相关的二氧化碳排放主要来自于煤炭的燃烧，1990年这一比例为84.4%，到2013年这一比例降至78.8%。随着我国原油和天然气消耗的增加，这两种一次能源燃烧所产生的二氧化碳排放比例将逐步扩大，但在很长一段时间内，煤炭燃烧所导致的二氧化碳排放量仍将占据主体地位。

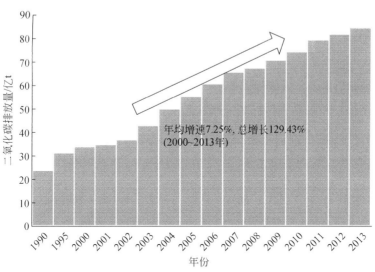

图 2.1　中国近年碳排放量变化趋势

　　经济增长是我国能源消费和碳排放量增长的主要驱动力,如图 2.2 所示。近年来我国经济保持高速增长趋势,2000 ~ 2013 年经济年均增速高达 9.95%。但与此同时,我国政府近年来已经意识到碳排放量较大这一情况,并出台了多项减排措施,取得了一定的减排成果。二氧化碳排放强度这个指标主要是

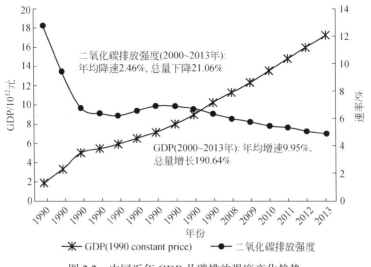

图 2.2　中国近年 GDP 及碳排放强度变化趋势

用来衡量一国经济同碳排放量之间关系的，如果在经济增长的同时，每单位国内生产总值所带来的二氧化碳排放量在下降，那么说明该国就实现了一个低碳的发展模式。1990 ~ 2002 年我国的二氧化碳排放强度一直保持下降趋势。1990 年的碳排放强度为 12.81t/ 万元，2002 年到达最低点 6.23t/ 万元，年均下降率为 5.83%。2002 ~ 2010 年的二氧化碳排放强度出现了波动，先上升后下降，到 2010 年碳排放强度重新降为历史新低 5.45t/ 万元。随后，我国的二氧化碳排放强度稳定下降，在 2000 ~ 2013 年保持年均为 2.46% 的下降速度。我国二氧化碳排放强度的持续降低反映了我国在技术创新、产业结构调整、转变经济发展方式等方面均取得了较大进展。

对于我国碳排放现状的研究介绍，国内外学者已经有较多的成果，那么我国社会经济系统中碳排放流动情况怎么样？近年来碳流是怎么变化的？关于这部分研究内容相对较少，因此本书在本章中做了分析与介绍。

2.2 中国 2008 ~ 2012 年碳流变化分析

2.2.1 研究方法及数据来源

二氧化碳流通图是一种直观定量的工具，可以显示二氧化碳在社会体系中的流通情况，目前已经被大多数国家和研究机构所利用，如英国 [56]、日本 [57] 与荷兰 [58]。美国虽然未签订《京都议定书》，但是对于二氧化碳减排的政策和技术方面的研究投入很多。目前，美国 [59] 已经绘制 2007 ~ 2011 年全国性的能源和二氧化碳流通图及部分州的碳流通图。中国在这方面的研究相对较晚，Li 等 [60] 绘制了中国 2003 ~ 2005 年的能源流通图。Xie 等 [61] 根据 IPCC 的方法计算了我国上海 1995 ~ 2007 年的二氧化碳排放量，并绘制了上海市 2007 年的二氧化碳流通图。但是，目前关于二氧化碳流通图的研究存在两方面的问题：其一是关于中国各个年份的流通图研究较少；其二是在流通图中反映的信息量相对较少，为决策提供的支持较小。

本书主要根据 IPCC2006 年温室气体清单指南的分类方法，能源活动主要包括：①一次能源的勘探和开发；②原油精炼、电力生产等一次能源加工转换过程；③燃料的输送；④固定源和移动源的燃料利用。这些能源活动导致了二氧化碳的燃烧排放、溢散和损失排放、非燃烧排放。燃料燃烧产生的二氧化碳排放可以通过能源统计数据的精确计算得出，但是由于统计上的困难，溢散和损失排放及非燃烧排放很难计算得到。而且，溢散和损失排放、非燃烧排放在总的能源相关的二氧化碳排放中所占的比例很小。因此，国内外的大多数研究机构及学者在做碳排放分析时都只考虑能源燃烧产生的相关碳排放。能源活动部门可以被分为能源工业部门、工业和建筑业部门、农业部门、交通运输部门和服务业部门。能源工业主要包括 3 个部分，分别是电力和热力的生产、石油和焦炭及核燃料的加工、燃气生产。由于工业和建筑业排放是能源活动排放的重要组成部分，因此 IPCC 报告中把工业和建筑业分为 13 个子部门。这一分类与中国国家工业部门分类差别较大，国家工业部门分类中工业与建筑业除了包括 3 个能源子部门外还包括 36 个工业子部门。在劳伦斯实验室[62]及 Xie 等[63]的研究中，并未对工业和建筑业进行详细划分，而是将其作为一个部门进行研究。本章根据 IPCC 的分类方法对我国工业部门分类进行了调整。我们认为，对子部门的碳排放进行详细分析可以反映更多的问题。除了能源燃烧产生的二氧化碳排放外，生产过程也会产生一部分相当大的二氧化碳排放量。根据 IPCC 的定义，生产过程二氧化碳排放量是指在生产过程及产品使用过程中产生的非化石燃料燃烧的二氧化碳排放量。主要的生产排放过程包括水泥生产、石灰石生产、钢铁生产及电石生产。其他工业生产过程产生的二氧化碳排放量由于数量相对较小，因此在本章的研究中未作考虑。

1. 能源相关二氧化碳排放量计算

我们根据 IPCC 2006 推荐的计算方法，总的二氧化碳排放量可基于能源消费量、碳排放系数及燃料氧化比例计算得出。如下式：

$$CE_i^t = \sum_j CE_{ij}^t = \sum_j E_{ij}^t EF_j (1-CS_j^t) O_j M \tag{2-1}$$

式中，i 为工业子部门；j 为能源种类；CE_{ij}^t 为第 i 部门在第 t 年使用燃料 j 产生的二氧化碳排放，单位为 $10^6 t$；E_{ij}^t 为第 i 部门在第 t 年使用的燃料 j 的总量，单位为 TJ；EF_j 为燃料 j 的碳排放系数，单位为 t/TJ；CS_j^t 为燃料 j 在第 t 年未燃烧作为原材料使用的比例；O_j 为燃料 j 燃烧过程中氧化的比例；M 为换算系数，11/3。

因此，第 t 年总的二氧化碳排放量即为 $CE^t = \sum_i CE_i^t$。

碳排放系数和碳氧化比例见表 2.1。本书研究的时间范围相对较短，因此假设碳排放系数为常数。但是实际上，由于燃料成分的变化碳排放系数是逐年变化的。当研究宏观问题时，这些微小的变化可以忽略不计[64]。流入到电力和热力部门的二氧化碳排放量是根据电力、热力生产过程中使用的燃料计算得出的。本书对电力和热力生产部门产生的二氧化碳排放量只考虑加工转换过程的损失排放量，这部分排放量可以通过中国能源平衡表计算得出。电力和热力等价的非损失排放量被归为终端用电和用热部门的间接排放量。根据 Paul 和 Bhattacharya[65] 的研究，终端用电和用热部门的间接排放量可以通过用电量和用热量的比例计算得出。同理，其他两个能源部门——石油加工、炼焦和核燃料加工业及燃气生产业所产生的二氧化碳排放量也采用同样的划分形式。我们认为这种划分方式是合理的，因为对于大量消耗电力和热力而不直接消耗化石燃料的工业部门，如果分析二氧化碳排放情况时不考虑它们的间接排放，那么对其他工业部门是不公平的。对于能源行业，如电力部门，发电损失排放量作为电力部门的二氧化碳排放量具有合理性，因为发电部门可以通过提高技术和改善管理水平来减少这一部分排放量。如果将发电的非损失二氧化碳排放量也算作电力企业的二氧化碳排放量。那么，随着经济的发展和用电需求的增长，电力企业的减排指标是无法完成的。反之，对于终端排放子部门来说，无论怎样提高技术水平和改善管理状况都无法降低发电所产生的损失排放量。因此，如果把发电所产生的损失排放量也算作终端排放子部门的二氧化碳排放量也是不合理的。本章中，作为产品原料的燃料已经不包括在统计数据中，因此 CS 的值为零。

表 2.1 碳排放系数和氧化比例

燃料种类	排放系数 EF /(t C/TJ)	氧化比例 O	燃料种类	排放系数 EF /(t C/TJ)	氧化比例 O
原煤	25.8	0.9	燃料油	21.1	0.98
无烟煤	27.4	0.94	汽油	18.9	0.98
烟煤	26.1	0.93	柴油	20.2	0.98
褐煤	28	0.96	煤油	19.6	0.98
型煤	33.6	0.9	液化天然气	17.2	0.98
洗煤	25.41	0.93	液化石油气	17.2	0.98
焦炭	29.5	0.93	炼厂干气	18.2	0.98
焦炉煤气	13.58	0.98	其他石油制品	20	0.98
其他焦化产品	29.5	0.93	天然气	15.3	0.98
原油	20.1	0.98			

2. 生产过程排放

根据 IPCC 二氧化碳排放清单，生产过程的碳排放量主要来自于钢铁、水泥、石灰石、电石的生产，其他工业过程产生的碳排放量较小，本书不予考虑。对于水泥、石灰石、电石的生产过程，二氧化碳排放量计算如下：

$$E_{CO_2}=AD \times EF \tag{2-2}$$

式中，E_{CO_2} 为二氧化碳排放量，不同行业 AD 和 EF 所表示的含义不同，见表 2.2。

表 2.2 公式 (2-2) 中因子含义

过程	AD	EF
水泥生产	除去电石渣做原料的水泥熟料产量	水泥生产过程的平均排放系数为 0.538
石灰石生产	石灰石产量	石灰石生产过程的平均排放系数为 0.683
电石生产	电石产量	电石生产过程的平均排放系数为 1.154

对于钢铁生产过程，二氧化碳排放量的计算公式如下：

$$E_{CO_2}=AD_i \times EF_i + AD_d \times EF_d + (AD_r \times F_r - AD_s \times F_s)\frac{11}{3} \tag{2-3}$$

式中，E_{CO_2} 为钢铁生产过程中 CO_2 排放量；AD_i 为钢铁生产过程中作为溶剂的石灰石消耗量；EF_i 为作为溶剂消耗的石灰石的二氧化碳排放系数；AD_d 为钢铁生产过程中作为溶剂的白云石消耗量；EF_d 为作为溶剂消耗的白云石的二氧化碳排放系数；AD_r 为炼钢用的生铁消耗量；F_r 为生铁中的平均含碳量；AD_s 为钢产量；F_s 为钢材的平均含碳量。

式 (2-3) 中各个因子的推荐值见表 2.3。

表 2.3 公式（2-3）中的因子推荐值

分类	单位	平均值	分类	单位	平均值
石灰石溶剂排放因子	t CO_2/ t	0.430	生铁平均含碳量	%	4.1
白云石溶剂排放因子	t CO_2/ t	0.474	钢材平均含碳量	%	0.248

本章中所使用的资料主要来源于《中国统计年鉴 2009》《中国能源统

计年鉴 2009》《钢铁行业统计年鉴 2009》《中国水泥年鉴 2009》《中国建筑材料工业年鉴 2009》、IPCC2006 及作者的研究等。GDP 以 1978 年不变价格计算，单位为亿元；能源消耗数据单位为万 tce。本章计算的我国二氧化碳排放量包括两部分：一部分是能源相关的二氧化碳排放量；另一部分是工业生产过程相关的二氧化碳排放量。能源相关的碳排放量主要来源于能源业、制造和建筑业、农业、交通运输业、服务业、居民及其他行业。工业生产过程相关的排放量主要来源于水泥生产、石灰石生产、钢铁生产、电石生产四大生产行业。具体的分类及定义见表 2.4。

表 2.4　二氧化碳排放源划分

排放源	部门	工业子部门[①]	符号
能源相关	能源行业	电力、热力的生产和供应业	EH
		石油加工、焦炭和核燃料加工业	PCN
		燃气生产和供应业	G
	制造和建筑业	黑色金属制造业	FM
		有色金属制造业	NFM
		化学工业	CI
		纸制品生产和印刷业	PPP
		食品加工、酒类和烟草生产业	FBT
		非金属矿物制品业	NMM
		运输设备制造业	TE
		机械制造业	M
		采矿业（不包括燃料开采）	M-F
		木材和木材制品业	WW
		建筑业	C
		纺织品和皮革制造业	TL
		非特殊行业	NS

续表

排放源	部门	工业子部门[①]	符号
能源相关	农业		A
	交通运输业		T
	服务业		S
	居民		R
	其他		O
过程相关	非金属矿物制品业	水泥生产	CP
		石灰生产	LI
	化学工业	电石生产	CC
	黑色金属制造业	钢铁生产	IS

注:①工业子部门包括加工转换工业子部门和终端排放子部门,除了能源行业的 3 个产业外,其他所有的工业子部门均属于终端排放子部门。

本章研究内容主要针对四种类型能源,即一次能源、二次能源、电力及热力。其中,一次能源主要包括原煤、原油和天然气三种;二次能源主要包括焦炭、焦炉煤气、汽油、柴油、煤油、燃料油、炼厂干气、液化石油气和其他石油制品等。虽然电力和热力的使用不产生二氧化碳,但是电力和热力的生产却导致二氧化碳的大量排放。

2.2.2 研究结论

根据式 (2-1) ~ 式 (2-3),本书得出了 2008 ~ 2012 年我国各个工业终端排放子部门的二氧化碳排放量 (表 2.4 ~ 表 2.9)。由附表 2.5 可以看出,2012 年我国制造和建筑行业的二氧化碳排放量高达 $4859.97 \times 10^6 \text{t}$,占终端排放子部门总二氧化碳排放量的 73.7%,其中能源相关的二氧化碳排放量达到了 $3960.93 \times 10^6 \text{t}$,工业生产过程的二氧化碳排放量达到了 $899.04 \times 10^6 \text{t}$。值得指出的是,2012 年工业生产过程的二氧化碳排放量占制造和建筑行业总二氧化

表 2.5　2008 年中国终端部门碳排放量　　　（单位：10⁶t）

终端子部门		煤炭	焦化产品	原油	精炼油	其他石油制品	天然气	热力	电力	总量
能源相关二氧化碳排放	EH	51.18	0.42	0.04	4.91	0.12	0.08	4.92	85.39	147.06
	PCN	22.79	11.61	6.22	9.94	132.10	3.57	22.87	13.57	222.66
	G	1.42	0.99	0.01	0.51	2.19	1.24	0.25	1.76	8.37
	BM	145.47	831.29	0.00	7.74	0.99	3.69	14.65	118.24	1122.06
	NFM	26.78	18.56	0.01	5.70	3.85	1.31	7.67	80.40	144.28
能源相关二氧化碳排放	CI	222.04	76.90	8.06	22.05	59.63	42.87	56.67	125.36	613.57
	PPP	44.11	0.22	0.02	3.05	0.17	0.34	10.37	17.58	75.86
	FBT	58.56	0.69	0.02	5.97	0.60	0.86	10.00	21.72	98.42
	NMM	404.68	12.66	0.54	27.72	4.63	9.46	0.94	62.74	523.37
	TE	11.52	4.07	0.00	5.74	0.42	2.36	2.22	15.11	41.44
	M	23.19	18.74	0.04	13.79	1.59	4.20	4.23	55.77	121.53
	M-F	139.81	5.31	21.03	19.72	2.02	19.15	3.90	54.47	265.40
	WW	8.70	0.11	0.01	1.39	0.06	0.13	0.63	6.73	17.75
	C	11.47	0.31	0.00	18.71	24.92	0.21	0.44	11.76	67.82
	TL	42.48	0.29	0.02	6.33	0.25	0.38	19.20	42.69	111.64
	NS	14.33	3.06	0.01	5.74	0.77	0.48	0.83	42.88	68.08
	A	28.88	1.52	0.00	38.80	0.11	0.00	0.07	28.40	97.79
	T	12.66	0.02	0.00	399.05	1.70	13.66	1.61	18.31	447.01
	S	34.05	0.68	0.00	9.51	1.59	3.84	3.03	32.57	85.28
	R	169.67	11.35	0.00	43.73	45.18	36.78	55.76	140.75	503.22
	O	33.44	0.36	0.00	69.56	1.39	4.52	5.91	61.25	176.42
生产过程二氧化碳排放	CI	512.64				IS	170.97			
	LI	11.38				CC	15.71			

表 2.6 2009 年中国终端部门碳排放量 （单位：10⁶t）

终端子部门		煤炭	焦化产品	原油	精炼油	其他石油制品	天然气	热力	电力	总量
能源相关二氧化碳排放	EH	59.64	0.79	0.02	4.14	0.10	0.10	4.90	90.34	160.03
	PCN	28.76	12.01	4.31	9.73	149.44	4.45	23.67	15.21	247.59
	G	1.57	1.01	0.01	0.42	0.97	0.48	0.25	2.25	6.95
	BM	171.72	893.82	0.00	5.81	1.11	4.06	18.24	128.72	1223.48
能源相关二氧化碳排放	NFM	27.28	23.09	0.02	4.80	4.14	1.45	6.90	82.48	150.15
	CI	224.78	72.93	5.56	19.34	62.21	37.95	57.06	131.48	611.30
	PPP	45.37	0.20	0.01	2.66	0.17	0.34	11.53	18.11	78.39
	FBT	58.92	0.56	0.01	6.11	0.46	1.06	10.54	22.88	100.54
	NMM	430.31	16.42	0.27	23.97	5.25	9.65	0.95	68.07	554.89
	TE	11.84	4.75	0.00	5.14	0.54	2.62	2.19	18.10	45.18
	M	23.78	24.80	0.01	14.11	1.50	4.08	4.46	57.95	130.70
	M-F	141.12	4.63	14.71	18.51	2.04	19.71	3.67	56.41	260.80
	WW	8.88	0.10	0.01	1.36	0.04	0.17	0.57	7.27	18.40
	C	12.37	0.16	0.00	21.14	34.19	0.21	0.57	13.51	82.15
	TL	41.51	0.28	0.02	5.70	0.20	0.36	17.59	43.49	109.15
	NS	13.29	3.23	0.01	5.72	0.74	0.60	0.82	44.72	69.11
	A	30.71	1.28	0.00	40.08	0.13	0.00	0.07	30.09	102.36
	T	12.46	0.02	0.00	408.11	1.69	17.62	1.32	19.75	460.98
	S	38.35	0.74	0.00	11.08	1.96	5.18	3.02	36.40	96.73
	R	170.11	10.05	0.00	50.02	46.38	38.41	59.52	155.99	530.48
	O	37.87	0.30	0.00	67.74	1.51	5.11	6.29	70.11	188.94
生产过程二氧化碳排放	CI	537.06				IS	191.55			
	LI	12.00				CC	17.17			

表 2.7　2010 年中国终端部门碳排放量　　（单位：10^6t）

终端子部门		煤炭	焦化产品	原油	精炼油	其他石油制品	天然气	热力	电力	总量
能源相关二氧化碳排放	EH	56.43	0.52	0.01	2.42	0.13	0.15	6.03	99.87	165.55
	PCN	25.24	13.31	2.99	7.32	151.69	6.74	26.23	18.10	251.63
	G	1.25	0.77	0.00	0.18	0.83	0.70	0.32	2.65	6.69
能源相关二氧化碳排放	BM	191.05	902.43	0.01	4.21	1.30	4.39	21.99	147.65	1273.04
	NFM	24.17	17.71	0.02	5.40	6.55	1.95	8.63	100.18	164.60
	CI	216.52	60.20	6.63	16.52	82.94	40.13	66.32	145.01	634.27
	PPP	39.80	0.09	0.00	2.51	0.13	0.49	13.43	20.20	76.65
	FBT	51.21	0.39	0.00	6.30	0.50	1.28	11.56	25.21	96.45
	NMM	397.30	15.79	0.07	21.32	35.35	9.15	1.18	78.39	558.56
	TE	11.34	4.89	0.01	5.56	0.71	2.75	2.74	25.30	53.29
	M	23.10	23.68	0.02	14.24	1.60	5.18	5.45	70.55	143.80
	M-F	134.43	5.84	14.57	18.65	1.97	22.57	4.36	62.12	264.51
	WW	7.72	0.09	0.01	1.56	0.05	0.14	0.58	8.22	18.37
	C	13.04	0.17	0.00	24.45	61.80	0.25	0.59	15.47	115.76
	TL	34.70	0.41	0.00	5.51	0.19	0.43	19.50	48.60	109.35
	NS	10.89	2.73	0.01	5.37	0.76	0.96	1.06	54.12	75.90
	A	31.97	1.34	0.00	42.37	0.14	0.11	0.08	31.26	107.27
	T	11.21	0.00	0.00	448.08	1.82	20.83	1.46	23.52	506.91
	S	36.64	0.21	0.00	12.34	2.25	5.89	3.47	41.36	102.16
	R	171.71	8.49	0.00	59.95	45.19	49.06	59.88	164.07	558.34
	O	36.60	0.30	0.00	75.56	1.58	5.62	6.69	78.50	204.85
生产过程二氧化碳排放	CI	561.48				IS	212.13			
	LI	12.61				CC	18.64			

表 2.8　2011 年中国终端部门碳排放量　（单位：10^6t）

终端子部门		煤炭	焦化产品	原油	精炼油	其他石油制品	天然气	热力	电力	总量
能源相关二氧化碳排放	EH	44.14	0.59	0.00	2.33	0.43	0.12	5.49	122.03	175.12
	PCN	23.37	17.31	2.08	6.13	158.50	12.90	27.43	19.44	267.16
能源相关二氧化碳排放	G	1.00	0.43	0.00	0.16	0.36	1.04	0.38	2.89	6.25
	BM	202.00	1004.32	0.01	3.20	2.07	6.13	23.92	168.03	1409.67
	NFM	25.22	17.40	0.02	4.68	5.73	2.98	10.01	112.11	178.14
	CI	231.87	78.97	2.49	11.76	127.20	50.38	74.23	159.53	736.44
	PPP	38.07	0.08	0.00	1.78	0.09	0.67	14.28	21.86	76.83
	FBT	50.39	0.52	0.00	5.15	0.28	1.83	12.47	27.75	98.39
	NMM	421.95	20.71	0.06	18.69	32.67	13.66	1.09	93.42	602.24
	TE	10.40	5.09	0.00	5.40	0.68	3.94	3.15	27.58	56.24
	M	21.45	31.56	0.01	9.76	1.32	6.01	4.47	79.46	154.04
	M-F	135.45	8.14	11.10	22.01	1.93	21.27	5.84	71.88	277.62
	WW	7.64	0.07	0.00	1.16	0.06	0.21	0.46	9.03	18.63
	C	14.48	0.14	0.00	25.62	46.32	0.28	0.55	18.31	105.69
	TL	30.31	0.41	0.00	4.20	0.17	0.54	18.97	52.21	106.82
	NS	9.71	2.86	0.00	3.73	0.64	1.28	1.01	57.00	76.22
	A	33.47	1.55	0.00	44.90	0.17	0.12	0.08	32.43	112.72
	T	11.41	0.00	0.00	484.89	1.88	27.47	1.77	27.16	554.59
	S	41.32	0.53	0.00	13.03	2.14	7.27	3.82	48.12	116.24
	R	174.61	7.05	0.00	71.07	49.84	57.16	62.22	179.93	601.89
	O	39.10	0.34	0.00	85.20	1.70	5.87	7.22	88.14	227.58
生产过程二氧化碳排放	CI	585.91				IS	232.71			
	LI	13.22				CC	20.10			

表 2.9　2012 年中国终端部门碳排放量　（单位：10⁶t）

终端子部门		煤炭	焦化产品	原油	精炼油	其他石油制品	天然气	热力	电力	总量
能源相关二氧化碳排放	EH	36.69	0.32	0.00	2.13	0.43	0.17	5.96	117.51	163.20
	PCN	21.75	15.31	1.59	5.87	154.78	18.59	27.70	19.05	264.64
能源相关二氧化碳排放	G	1.23	0.42	0.00	0.16	0.03	0.91	0.33	3.49	6.55
	BM	208.77	1024.88	0.00	3.43	1.33	6.96	24.64	167.14	1437.14
	NFM	22.89	17.11	0.01	4.03	5.71	5.46	10.12	122.27	187.60
	CI	236.77	90.93	0.90	9.68	129.36	54.09	81.00	177.61	780.34
	PPP	32.92	0.06	0.00	1.51	0.08	0.92	14.46	21.97	71.92
	FBT	47.05	0.45	0.00	4.76	0.26	2.70	12.82	30.55	98.58
	NMM	402.65	27.27	0.23	16.51	33.22	14.47	0.95	94.49	589.80
	TE	9.45	5.70	0.00	4.55	0.53	5.17	4.32	26.21	55.93
	M	16.15	26.89	0.00	7.89	1.14	5.73	4.00	81.61	143.41
	M-F	143.42	7.99	14.01	21.76	1.78	22.04	6.90	73.48	291.39
	WW	7.17	0.12	0.01	1.07	0.05	0.22	0.38	9.92	18.94
	C	13.66	0.18	0.00	25.52	51.28	0.27	0.61	19.48	111.00
	TL	25.69	0.36	0.00	3.25	0.21	0.67	21.52	57.57	109.27
	NS	7.28	4.42	0.00	3.27	0.42	2.08	0.83	47.30	65.61
	A	32.35	0.00	0.00	47.08	0.20	0.14	0.10	32.42	112.29
	T	10.64	0.00	0.00	539.93	1.98	30.00	2.01	29.31	613.87
	S	43.59	0.25	0.00	14.09	2.36	8.18	4.23	54.16	126.84
	R	169.01	5.53	0.00	79.37	50.72	60.92	68.94	199.11	633.59
	O	41.48	0.22	0.00	90.32	2.12	6.95	7.87	98.73	247.70
生产过程二氧化碳排放	CI	610.33				IS	253.30			
	LI	13.84				CC	21.57			

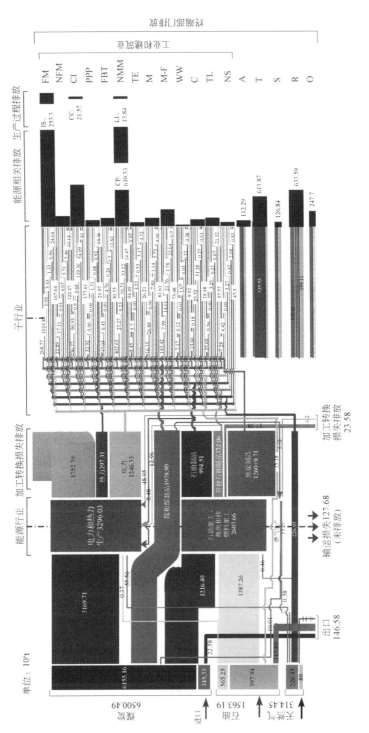

图2.3　2012年中国二氧化碳流通图

碳排放量的 18.5%，占终端排放子部门总二氧化碳排放量的 13.63%，比例较大。进一步分析，在建筑和制造业的 13 个子部门中，黑色金属制造业部门的排放量最大，达到 1690.44×10^6t，占建筑和制造业二氧化碳排放总量的 34.78%。黑色金属制造业消耗大量的石灰石和白云石等原材料，这些原材料在生产过程中排放大量的二氧化碳。2012 年我国黑色金属制造业的工业过程二氧化碳排放量达到 253.30×10^6t，占这一行业二氧化碳排放总量的 14.98%。非金属矿物制品业和化学工业是另外两个二氧化碳主要排放源，其二氧化碳排放量占制造和建筑业排放量的比例分别为 24.99% 和 16.50%。作为非金属矿物制品业的主要产品之一，水泥的生产过程产生大量的二氧化碳。我国近年来基础设施建设的大力发展导致水泥需求量节节攀升，2012 年我国非金属矿物制品业生产过程的二氧化碳排放量达到了 624.17×10^6t，高于这一行业能源相关的二氧化碳排放量，占总生产过程排放量的 69.43%。

　　此外，本书绘制了我国 2012 年的二氧化碳流通图，如图 2.3 所示。与能源流通图有所不同，二氧化碳流通图中的箭头和数值标签表示的是在某一过程中由于能源使用所产生的二氧化碳流通量。线和方框的宽度形象直观地反映了二氧化碳流量的多少。虽然燃料中包含的是碳而非二氧化碳，但是燃料的燃烧直接排放了二氧化碳。本书假设燃料 (包括热力和电力) 即为二氧化碳的载体。图 2.3 最左边表示的是进入我国社会生产体系的一次能源所载的二氧化碳流量，包括了进出口部分。很明显，2012 年由煤炭所带入到我国二氧化碳流通系统的二氧化碳总量最多，总量达到了 6500.49×10^6t，占一次能源所带入的全部二氧化碳量的 77.59%。由一次能源作为载体的二氧化碳流入到了能源工业部门，其中电力和热力的生产部门占了 3296.03×10^6t，它的损失二氧化碳排放量达到了 1752.39×10^6t。这一损失量是巨大的，因此政府应该大力发展热电生产新技术，提高加工转化过程中的用能效率。值得注意的是，石油加工、焦炭和核燃料加工部门的二氧化碳流量达到了 $2603.66 \times 10^6 t$，但是这一部门的二氧化碳损失排放量却相对很少。图 2.3 底部的箭头表示社会工业体系中的输运损失，2012 年这一部分的碳流量为 $127.68 \times 10^6 t$。由于未被燃烧，因此这部分能源载体中所包含的二氧化碳没有排放到大气中。虽然输运损失产生的二氧化碳流量没有排放到大气中，但是它反映了能源在输运过程中的浪费，同样应该避免。图 2.3 右半部分表示通过终端用能部门排放到空气中的二氧化碳量。显然，在制造业和建筑业中排放二氧化碳量最多的 4 个子部门分别为黑色金属制造业、非金属矿物制品业、化学工业及有色金属制造业。图 2.3 清晰地描述了我国工业生产体系的二氧化碳流通情况。图 2.3 中对于用煤量多的部门描述的比较详细，由于煤炭的排放系数较高，相应产生的二氧化碳排放量也相对较大。本书中绘制的二氧化碳流通图将有利于决策者在制定减排政策时了解到哪些部门的减排潜力大。另外，除了呈现出能源相关的二氧化碳排放量之外，流通图还把生产性相关的二氧化碳排放定量地表示出来。

从图 2.4 中可以看出，2012 年我国终端部门二氧化碳排放量较大的部门为黑色金属制造业（占终端部门总排放量的 26%）、非金属矿物制品业（占终端部门总排放量的 18%）、化学工业（占终端部门总排放量的 12%），这三大行业均为传统重工业，高能源消耗导致了高碳排放量。

图 2.5 描述了 2012 年中国能源相关和生产过程相关碳排放量比较。可以看出，我国 2012 年主要的生产过程排放行业为黑色金属制造业、非金属矿物制品业、化学工业，与图 2.3 中展示的主要碳排放行业相同。黑色金属制造业和化学工业的二氧化碳排放量仍然以能源消耗产生的碳排放为主，分别占到行业各自排放量的 85.02% 和 97.31%。然而，非金属矿物制品业的二氧化碳排放量主要来自于其生产过程排放，排放量超过了其能源消耗的碳排放，

占到行业碳排放量的 50% 以上。综上分析，可以看出，这三大行业既是我国主要的二氧化碳排放终端部门，也是我国主要的生产过程排放终端部门，值得关注。

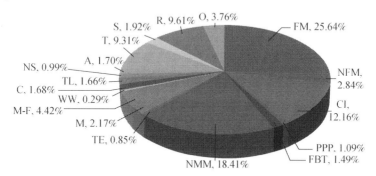

图 2.4　2012 年中国终端部门二氧化碳排放量比较

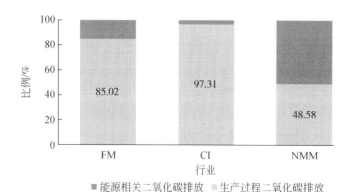

图 2.5　2012 年中国能源相关和生产过程相关碳排放量比较

基于 2008 ~ 2012 年的计算结果，本书做了比较分析，以便研究近年来我国碳排放流的变化趋势。图 2.6 比较了 2008 ~ 2012 年我国能源相关的碳排放指标，从图 2.6 中可以看出，近年来我国的碳排放主要由煤炭燃烧引起，石油燃烧次之。在碳排放强度不断下降的同时，人均二氧化碳排放量不断增长。从图 2.7 可以看出，2012 年煤炭承载的二氧化碳量比重达到了 78%，略有上升 (2008 年为 77%)。原油承载的二氧化碳比重为 19%，没有变化。

2008～2012年，煤炭承载的二氧化碳量增长了29.17%，石油承载二氧化碳量增长了28.22%，这两项增长量均较大。天然气承载的二氧化碳量增长71.30%，虽然增长比重较大，但是增长绝对量较小。

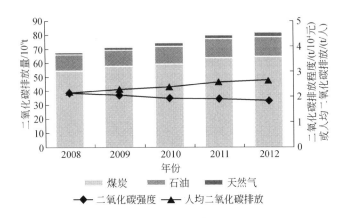

图 2.6　2008～2012 年我国能源相关碳排放指标比较

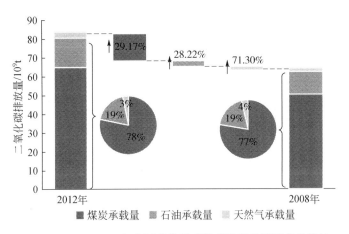

图 2.7　2008～2012 年中国碳排放系统碳流承载情况变化趋势

从净流出的角度来看，2012 年能源出口导致的二氧化碳流出量比 2008 年略有减少，表示我国的能源出口量有所减少，如图 2.8 所示。社会系统中的能源运输导致的碳排放损失量基本保持不变，但是，热力和电力部门的加工转化碳损失绝对量有所增长，表明我国电力和热力需求量的持续增加。但是相对量有所减少（从 56.13% 下降到 53.17%），表明我国热力和电力加工转化效率不断提高。值得注意的是，石油加工转化的损失量总量较低，并且有所减少，表明石油加工转换部门一直保持了较高的生产效率，并不断提升。

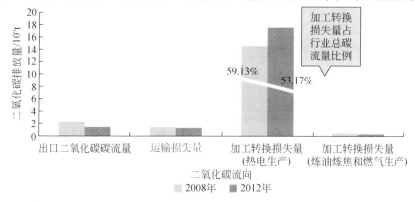

图 2.8　2008 ~ 2012 年我国二氧化碳净流出情况比较

从生产过程排放的角度来看，2008 ~ 2012 年的我国不同行业的生产过程碳排放量均有不同程度的增长，如图 2.9 所示。水泥行业的生产过程排放量增长了 4.46%，但由于其排放基数较大，因此绝对增量也最大；钢铁行业的增长率最大，达到了 10.33%，表明近年来我国钢铁行业快速发展；石灰石和电石行业的生产过程碳排放量分别增长了 5.01%、8.25%，但由于这两个行业的排放基数较小，因此增量相对较小。以上分析可以看出，我国不同行业的生产过程排放量仍将持续增长。

如图 2.10 所示，从不同排放源对比的角度来看，1994 ~ 2012 年，我国能源相关的二氧化碳排放量比重均在 90% 左右，近年来生产过程相关的排放量所占比重有所减少。从总量上来看，能源相关的二氧化碳排放量增长量较大，且增速在 6% 以上，它是我国主要的二氧化碳排放源，但生产过程排放量仍然所占比重较大。

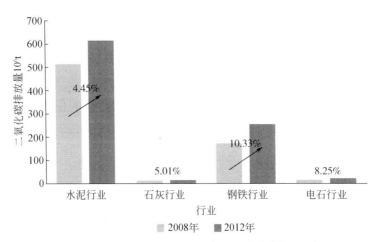

图 2.9　2008 ~ 2012 年我国生产过程碳排放情况比较

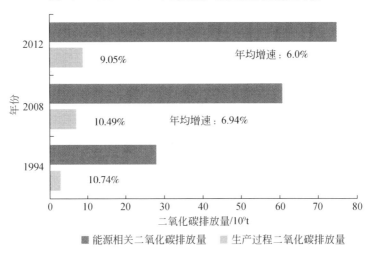

图 2.10　近年来我国不同来源的碳排放量比较

从 2008 ~ 2012 年我国终端部门碳排放结构变化的角度来看，黑色金属制造业、化学工业、建筑业、交通运输业等行业的碳排放比重增加，非金属矿物制品业、采矿业、纺织业和皮革制造业等行业的碳排放比重减少，如图 2.11 所示。可见传统重工业在近些年的碳排放量的增长相对较快，值得关注。

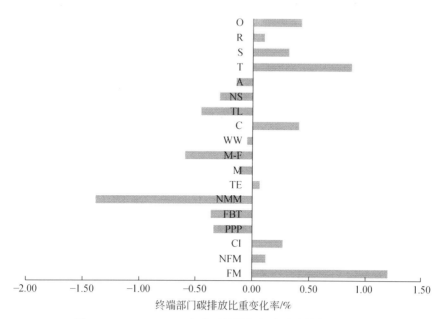

图 2.11   2008 ～ 2012 年我国终端部门碳排放结构比较

从表 2.10 中可以看出，2008 ～ 2012 年我国终端部门的二氧化碳载体有了较大的变化。总体来看，终端部门以煤炭为载体的二氧化碳排放比重均有了不同程度的降低。例如，化学工业的煤炭载体碳排放量比重从 2008 年的 36.19% 下降到 2012 年的 30.34%，表明我国各个行业逐渐减少对煤炭资源的依赖；相反，终端部门以电力为载体的碳排放量比重在逐渐增加，表明各个行业更加重视电力的使用。总的来说，我国终端部门的碳排放结构在不断优化。

表 2.10   2008 ～ 2012 年我国终端部门二氧化碳的不同载体变化情况

部门	直接排放			间接排放
	煤炭	焦炭	石油制品	电力
总变化率 /%	31.26 ～ 25.83	21.53 ～ 21.29	15.37 ～ 15.42	20.45 ～ 23.59
FM	12.96 ～ 14.53	74.09 ～ 71.31	0.69 ～ 0.24	10.54 ～ 11.63
NFM	18.56 ～ 12.20	12.86 ～ 9.12	3.95 ～ 2.15	55.72 ～ 65.18

续表

部门	直接排放			间接排放
	煤炭	焦炭	石油制品	电力
CI	36.19 ~ 30.34	12.53 ~ 11.65	3.59 ~ 1.24	20.43 ~ 22.76
PPP	58.15 ~ 45.77	0.29 ~ 0.08	4.02 ~ 2.10	23.17 ~ 30.54
FBT	59.50 ~ 47.72	0.70 ~ 0.45	6.06 ~ 4.83	22.07 ~ 30.99
NMM	77.32 ~ 68.27	2.42 ~ 4.62	5.30 ~ 2.80	11.99 ~ 16.02
TE	27.81 ~ 16.89	9.83 ~ 10.18	13.84 ~ 8.14	36.46 ~ 46.87
M	19.09 ~ 11.26	15.42 ~ 18.75	11.34 ~ 5.50	45.89 ~ 56.91
M-F	52.68 ~ 49.22	2.00 ~ 2.74	7.43 ~ 7.47	20.52 ~ 25.22
WW	49.03 ~ 37.84	0.59 ~ 0.63	7.82 ~ 5.69	37.92 ~ 52.38
C	16.91 ~ 12.30	0.45 ~ 0.16	27.58 ~ 22.99	17.34 ~ 17.55
TL	38.06 ~ 23.51	0.26 ~ 0.32	5.67 ~ 2.98	38.24 ~ 52.68
NS	21.04 ~ 11.09	4.50 ~ 6.74	8.43 ~ 4.99	62.98 ~ 72.10
A	29.54 ~ 28.81	1.55 ~ 0.00	39.68 ~ 41.93	29.04 ~ 28.87
T	2.83 ~ 1.73	0.00 ~ 0.00	89.27 ~ 87.96	4.10 ~ 4.77
S	39.93 ~ 34.37	0.80 ~ 0.20	11.16 ~ 11.10	38.20 ~ 42.70
R	33.72 ~ 26.67	2.26 ~ 0.87	8.69 ~ 12.53	27.97 ~ 31.43
O	18.96 ~ 16.74	0.20 ~ 0.09	39.43 ~ 36.47	34.72 ~ 39.86

2.3 本章小结

本章首先分析了我国二氧化碳排放现状，然后基于IPCC的方法编制了我国2008 ~ 2012年的碳排放清单，并绘制了2012年的碳排放流通图，进一步分析了2008 ~ 2012年我国碳流的变化情况，得出以下主要结论。

(1) 煤炭和石油是我国的主要二氧化碳载体，占到了我国社会经济系统中总碳流的97%以上；在终端排放部门，75%以上的二氧化碳都流向了几个主要部门，如黑色金属制造业和化学工业。

(2) 我国人均碳排放量在不断增长，虽然碳排放强度在不断下降，且未来这种趋势仍将持续。

(3) 虽然在过去几年中，我国能源加工转换系统的生产效率在不断提升，但是由于对电力和热力需求的不断增长，我国二氧化碳的加工转换损失量仍然在不断增长，且增量较大，需要引起重视。

(4) 在黑色金属制造业和化学工业，碳排放量主要来自于能源相关的二氧化碳排放量，生产过程排放量所占比例相对较小。但是在非金属矿业制品业，生产过程相关的二氧化碳排放量已经超过了能源相关的二氧化碳排放量。在不同的终端部门，二氧化碳的能源载体有较大不同。

针对以上结论，本书给出以下建议：不同部门的二氧化碳减排政策应该有针对性，对于碳排放流较大的部门应该制定更加严格的减排政策，如能源加工转化部门的减排对于我国的总体减排起到重要的作用；应该重点制定黑色金属制造业、化学工业和非金属矿物制品业的减排政策，特别是工业部门的生产过程碳排放量的减少，因为这 3 个部门无论是碳排放总量还是生产过程碳排放量在终端部门排放量中的比重均较大；政府应该从不同能源载体的角度制定减排政策，如加大清洁能源的使用，减少煤炭的使用等。

第3章　总量减排目标下我国碳减排模式研究

　　近年来，我国二氧化碳排放量已经超越美国，成为世界第一大二氧化碳排放国，伴随着经济的持续增长和能源消费的快速增加，我国碳排放量还将继续增加，我国的碳排放问题已经成为国内外学者和政府关注的焦点。碳排放问题不仅仅是环境问题，更是政治问题和发展问题。为了减少二氧化碳排放量，我国政府做了很多努力。在哥本哈根气候大会上，中国政府承诺"到2020年，二氧化碳排放强度将在1995年的基础上削减40%～45%"。按照目前的经济发展形势，假设在"十二五"和"十三五"我国GDP年均增速约为7%和6%，那么可以得到图3.1所示的碳排放量预测计算结果。如果中国完成了碳排放强度减排40%的减排强度，那么2010～2020年的二氧化碳总量年均增速将达到4.15%，即使是完成了45%的减排目标，届时我国碳排放总量年均增速也将达到3.38%，无论哪种情景总量增长都是巨大的。据统计，2013年我国碳排放总量达到了85亿t，占全球总二氧化碳排放量的27%。从国际上来看，中国也面临着巨大的总量减排压力。特别是在2014年北京APEC会议期间，中美两国政府签署了《中美气候变化联合声明》，我国政府承诺将在2030年左右碳排放量达峰，更为我国的碳总量减排增加了巨大压力。因此，综上所述，针对我国二氧化碳总量减排的背景下碳减排模式的研

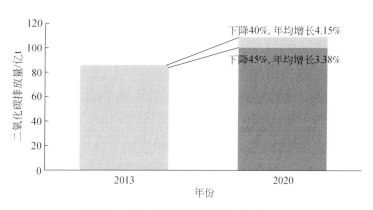

图 3.1　我国 2020 年碳排放量预测

假设：① 2020 年碳排放强度比 2005 年下降 40% ~ 45%；②"十二五"经济增长目标 7%，"十三五"经济增长目标 6%

究是十分必要的，这将为我国减排政策的制定提供一定的理论支持。

3.1　研究方法

目前，国内外学者关于碳减排的研究相对较多[66-70]，所采用的方法主要有投入产出分析法 (IOM)[71-75]、对数平均权重分解法（LMDI）、结构分解分析法 (SDA)、碳足迹等，但是大多数方法是从碳强度减排或者碳排放影响因素的角度来分析，鲜少有从碳总量减排角度研究的资料。本章基于三种不同的方法，即投入产出分析法、结构分解分析法及动态优化法，发挥各个方法的特色并将它们结合，来研究我国总量减排下减排路径的优化选择问题。本章的研究框架如图 3.2 所示。

首先，本章利用 IOM 和 SDA 相结合的方法，从宏观角度及行业部门角度，研究了我国主要碳排放影响因素，即"碳排放强度""技术经济结构"及"最终需求"，对我国二氧化碳排放增量的影响，包括直接影响和间接影响；其次，本章基于 IOM-SDA 的结果，建立了单目标动态减排优化模型，利用该模型

_41

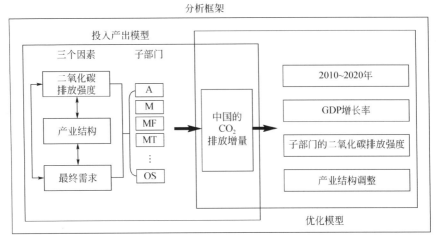

图 3.2　研究框架图

分析了在可行情景下，我国产业结构调整较优的方向，并给出政策建议。

3.1.1　投入产出分析方法

投入产出模型是 1936 年由美国经济学家 Leontief [76] 最先提出的，其是应用数学方法和电子计算机，研究国民经济各部门生产与分配使用之间的平衡关系或国民经济各部门生产与各种消耗之间的平衡关系的一种现代管理方法。投入产出数学模型是通过编制投入产出表，运用线性代数工具建立数学模型，从而揭示国民经济各部门、再生产各环节之间的内在联系，并据此进行经济分析、预测和安排预算计划。目前，该模型已经被广泛应用于社会经济各个部门的分析研究中，本章应用到的主要公式如下：

$$X=AX+Y=(I-A)^{-1}Y=BY \tag{3-1}$$

式中，X 为投入产出列向量；Y 为最终需求列向量；A 为投入产出系数矩阵；I 为单位阵；$B=(I-A)^{-1}$ 为投入产出逆矩阵。

$$e_i = \frac{em_{i,CO_2}}{X_i} \tag{3-2}$$

式中，e_i 为二氧化碳排放强度；em_{i,CO_2} 为 i 行业的二氧化碳排放量；X_i 为 i 行业二氧化碳排放总产出。

$$Q = \sum_t e_i x_i = eX = eBY \tag{3-3}$$

式中，Q 为二氧化碳排放总量。

3.1.2 结构分解分析方法

因此，基于 IOM 的公式，我们可以得出二氧化碳增量的计算公式，如下所示：

$$\Delta Q = Q(\Delta e) + Q(\Delta B) + Q(\Delta Y) \tag{3-4}$$

式中，ΔQ 为二氧化碳排放增量；$Q(\Delta e)$ 为由于碳排放强度变化引起的二氧化碳增量；$Q(\Delta B)$ 为由于技术经济结构变化引起的二氧化碳增量；$Q(\Delta Y)$ 为由于技术经济结构变化引起的二氧化碳增量。结构分解有很多种方法，本书采用 Li[77] 的研究结果，分解形式如下：

$$
\begin{aligned}
Q(\Delta e) &= \frac{1}{3}(\Delta e)B_0 Y_0 + \frac{1}{6}(\Delta e)B_0 Y_1 + \frac{1}{6}(\Delta e)B_1 Y_0 + \frac{1}{3}(\Delta e)B_1 Y_1 \\
Q(\Delta B) &= \frac{1}{3}e_0(\Delta B)Y_0 + \frac{1}{6}e_1(\Delta B)Y_0 + \frac{1}{6}e_0(\Delta B)Y_1 + \frac{1}{3}e_1(\Delta B)Y_1 \\
Q(\Delta Y) &= \frac{1}{3}e_0 B_0(\Delta Y) + \frac{1}{6}e_1 B_0(\Delta Y) + \frac{1}{6}e_0 B_1(\Delta Y)_1 + \frac{1}{3}e_1 B_1(\Delta Y)
\end{aligned} \tag{3-5}
$$

式中，0 为基期；1 为目标期。

3.1.3 动态优化分析方法

目前，科学领域所研究的问题不仅仅是单一系统的问题，往往还包含了多个系统。例如，本书的二氧化碳减排问题不仅是环境系统的问题，还涉及经济系统、能源系统和社会系统。在这些复杂的系统中，事物存在着自身不确定性及外界不确定性对其的影响。由于政策制定者仅仅基于某一专业领域的知识对体系的演变进行深入了解较难，也无法预测到未来的变化。因此，逐渐形成了一种新的采用系统思想和技巧的、适应事物发展需要的、以人为本、为决策服务的系统分析理论方法 [79]，即目标优化方法。当优化问题的目标个数为一个时，称为单目标优化问题。动态优化问题是目标优化问题的深化，是基于时间演变的视角来研究优化问题，其目前得到国内外学者的重视与广泛应用。本章构建了一个单目标动态优化问题，由公式 (3-5) 可知，如果想让 2020 年以前我国二氧化碳排放增量最小，那么可以建立以下优化模型。

$$\text{Min} \sum_{i=1}^{t} \Delta Q_i \tag{3-6}$$
$$\text{s.t.} \ e, B, Y \in \Omega$$

具体形式如下：

$$
\begin{aligned}
\text{Min} \sum_{i=1}^{t} \Delta Q_i &= \sum_{i=1}^{t} (\Delta e_i + \Delta B_i + \Delta Y_i) \\
&= \sum_{i=1}^{t} \frac{1}{2B\sigma} \ [(e_i - e_{i-1})(Y_i + Y_{i-1}) + (e_i + e_{i-1})(Y_i - Y_{i-1})] \\
\text{s.t.} \quad & Y_i = (1+s\%)Y_{i-1} \\
& y_{i,j} \geqslant \gamma y_{i-1,j} \\
& \omega \times e_{i-1,j} \leqslant e_{i,j} \leqslant e_{i-1,j} \\
& e = \Phi Y \\
& \sigma = (I-A)(I-A_c)^{-1}
\end{aligned}
\tag{3-7}
$$

式中，i 为时期；j 为部门；s 为 GDP 年均增速，单位为 %；γ 为行业 GDP 增速下限；ω 为行业碳排放强度减速下限；ϕ 为碳排放强度 e 与 GDP 之间的函数关系；A_c 为投入产出列系数矩阵。

3.2　数据来源

本章主要资料来源于中国投入产出表 (2002、2005、2007、2010)、中国统计年鉴 (2003、2006、2008、2011)、中国能源统计年鉴 (2003、2006、2008、2011)；本章假设我国"十二五"和"十三五"期间经济年均增速分别约为 7% 和 6%；投入产出表采用 17 个部门数据表，17 个部门行业名称缩写如表 3.1 所示。

表 3.1　17 行业名称缩写表

行业名称	英文缩写
农、林、牧、渔业	A
采矿业	M
食品、饮料制造及烟草制品业	MF
纺织、服装及皮革产品制造业	MT
其他制造业	OM
电力、热力及水的生产和供应业	PH
炼焦、燃气及石油加工业	CG
化学工业	CI
非金属矿物制品业	MN
金属产品制造业	MP
机械设备制造业	MM
建筑业	C
运输仓储邮政、信息传输、计算机服务和软件业	TS
批发零售贸易、住宿和餐饮业	WR
房地产业、租赁和商务服务业	RE
金融业	FI
其他服务业	OS

3.3 主要结论

基于 IOM-SDA 模型，本章首先分解了影响我国碳排放增量的 3 个主要影响因素，并得到以下结论。

3.3.1 中国碳排放影响因素的投入产出分析

本书研究了 2002 ~ 2005 年、2005 ~ 2007 年、2007 ~ 2010 年 3 个时期中，碳排放强度、技术经济结构、最终需求 3 个指标的变动对我国 3 个时期碳排放增量的影响，如图 3.3 所示。从图 3.3 中可以看出，不同的影响因素对我国碳排放增量的贡献不同。碳排放强度对碳排放增量表现为负的影响，也就是说碳排放强度的降低减少了我国二氧化碳的排放；最终需求的增加导致了二氧化碳增量的提高，且由于近年来我国经济的快速发展，最终需求对碳排放增量的影响还在进一步加大；技术经济结构对我国碳排放增量的影响由正变负，可见随着我国经济结构的不断优化调整，技术经济结构指标从原来的增加碳排放量变为现在的减少碳排放量。总体来看，最终需求对我国碳排放增

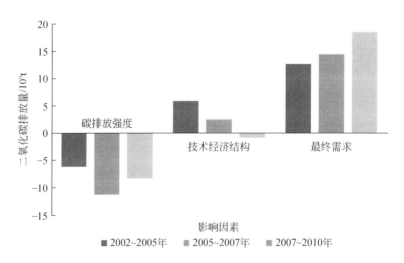

图 3.3 碳排放强度、技术经济结构、最终需求变动对中国二氧化碳排放影响分析

量的正影响远大于碳排放强度和技术经济结构变化所带来的负影响。

进一步来看，碳排放强度变化对我国碳排放增量的负影响分为两部分，即直接影响和间接影响。本章中，直接影响代表因素自身变化所引起的碳排放量的直接变化，间接影响表示因素和其他因素协同作用引起的碳排放量变化。从图 3.4 中可以看出，碳排放强度变化对碳排放增量的影响主要来自于间接影响，2002 ~ 2005 年，其间接影响高达 67%，近年来有所降低，但仍在 60% 以上；碳排放强度变化引起的直接影响仅占 40% 以下。可见，碳排放强度这一指标与技术经济结构和最终需求变化两个指标的协同作用引起我国碳排放增量的减少。

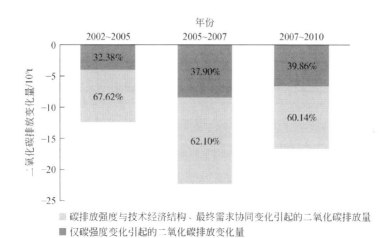

图 3.4　仅碳排放强度变化引起的二氧化碳排放变化分析

从图 3.5 中可以看出，技术经济结构的变化对碳排放增量的影响变化较大，3 个时期中，它的总影响逐渐由正变负，体现了技术经济结构的优化对我国碳减排的积极作用。从影响分类来看，2002 ~ 2005 年、2005 ~ 2007 年两个时期技术经济结构的变化对碳排放增量的影响来自于其直接影响和间接影响，且这两部分影响基本相同，其间接影响在这两个时期分别为 55.3% 和

49.65%；但在 2007～2010 年，其间接影响有显著增长，达到了 65.51%。可见，近年来，技术经济结构变动通过与其他因素的协同作用达到了减少我国碳排放增量这一目标。

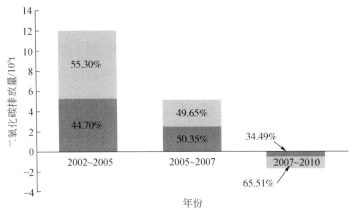

图 3.5　仅技术经济结构 *B* 变化引起的二氧化碳排放变化分析

图 3.6 展示了仅最终需求 *Y* 变化引起的我国二氧化碳排放量增量变化。由图 3.6 可以看出，最终需求变化对碳排放增量的影响主要来自于他的直接

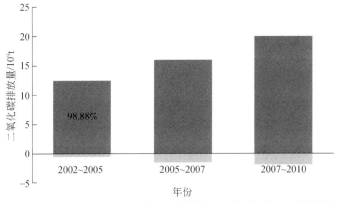

图 3.6　仅最终需求 *Y* 变化引起的二氧化碳排放分析

影响，2002 ～ 2005 年，其直接影响高达 98%，近年来有所降低，但仍在 90% 以上；最终需求变化引起的间接影响为负，表明其他指标的协同作用在一定程度上抑制了最终需求增加所带来的碳排放量增长。最终需求变化是引起我国碳排放增量增加的主要推动因素。

3.3.2　中国碳排放影响因素的部门分析

本章从部门的角度分析了各个因素对我国碳排放增量的贡献，如图 3.7 所示。

图 3.7 所示为近年来分行业碳排放强度对我国碳减排贡献度。基于前面分析碳排放强度变化对碳排放增量的减少作用，为了便于描述，这里的正影响代表减少的碳排放量，负影响表示增加的碳排放量。从图 3.7 可知，近年来主要行业的碳排放强度减少均对行业二氧化碳减排起到了正影响，即减少了我国二氧化碳排放量。碳排放强度对碳减排正影响的主要部门包括炼焦、燃气及石油加工业 (CG)，化学工业 (CI)，非金属矿物制品业 (MN)，金属产品制造业 (MP)，运输仓储邮政、信息传输、计算机服务和软件业 (TS)。特别是 2005 ～ 2007 年，MP 金属产品制造业的二氧化碳强度降低对我国碳排放增量的减少的贡献度高达 36.97%；碳排放强度对碳减排负影响的主要部门有建筑业 (C)，批发零售贸易、住宿和餐饮业 (WR)，房地产业、租赁和商务服务业 (RE)，说明这些行业的碳排放强度变化增加了我国的碳排放量。

基于 3.3.1 小节分析，技术经济结构的变动对碳排放增量的影响由正变负，为了便于统一，本书把不同时期的正负影响做了调整，如图 3.8 所示。从桶中可以看出技术经济结构变动对碳排放正影响的主要部门为传统重工业，包括电力和热力及水的生产和供应业 (PH)、炼焦和燃气及石油加工业 (CG)、化学工业 (CI)、金属产品制造业 (MP)，特别是 MP 在 2005 ～ 2007 年、2007 ～

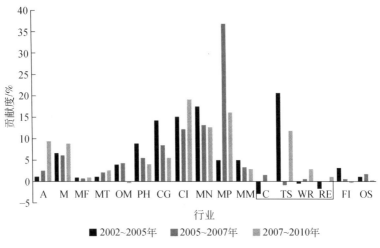

图 3.7　近年来分行业碳排放强度对我国碳减排贡献度

2010 年这两个时期对碳排放增量的贡献值均达到了 70% 以上；技术经济结构变动对碳排放负影响的主要为非能源密集型行业，主要包括农、林、牧、渔业 (A)，采矿业 (M)，非金属矿物制品业 (MN)，运输仓储邮政、信息传输、计算机服务和软件业 (TS)。这些行业的技术经济结构变动逐步减少了我国碳排放量的增长。

从图 3.9 中可以看出，最终需求变动在所有行业部门均增加了我国的碳排放增量，即所有部门均为正影响。最终需求变动对碳排放正影响的主要部门包括炼焦、燃气及石油加工业 (CG)，化学工业 (CI)，非金属矿物制品业 (MN)，金属产品制造业 (MP)，运输仓储邮政、信息传输、计算机服务和软件业 (TS)。其中金属产品制造业 (MP) 对其贡献占到总增长量的比重最高达 34%。结合前两部分研究结论，金属产品制造业 (MP) 对我国碳排放增量影响较大，值得关注。

基于以上计算结果，本书分析了在技术经济结构不变的情况下，抵消 GDP 增长 1% 引起的 CO_2 增量所需要的碳排放强度降低的百分比，如图

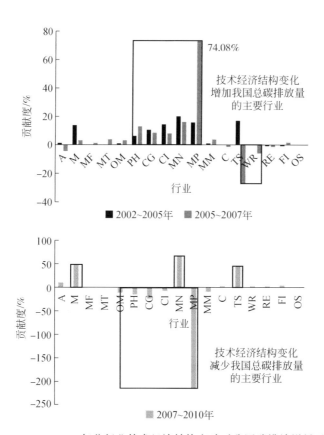

图 3.8　2007 ~ 2010 年分行业技术经济结构变动对我国碳排放增量贡献度

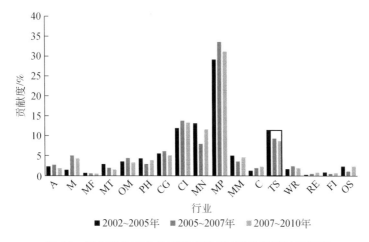

图 3.9　近年来分行业最终需求对我国碳排放增量贡献度

3.10 所示。2002 ~ 2005 年这一比例仅为 0.55%，即碳排放强度需要下降 0.55 个百分点才能抵消这一时期 GDP 增长 1% 所引起的碳排放量增加；2005 ~ 2007 年，这一比例为 0.96%，2007 ~ 2010 年这一比例高达 1.15%。2002 ~ 2010 年，这一比例平均为 0.74%。这表明，近几年来，随着我国经济的高速增长，碳排放强度的下降压力越来越大，减排压力也越来越大。

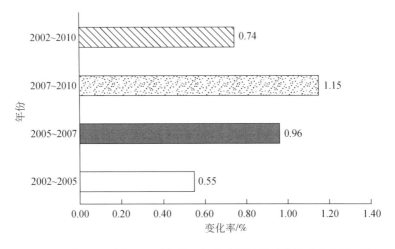

图 3.10　抵消 GDP 增长 1% 引起的二氧化碳增量的碳排放强度降低百分比

3.3.3　中国碳排放增量的优化分析

本章建立了碳排放增量的单目标动态优化模型，每两年为一个优化期。通过计算，得到以下结果。

首先，我们来看一下各行业碳排放强度和增加值的历年变化趋势，如图 3.11 所示。从图 3.11 中可以看出，碳排放强度变化较大部门主要为重工业和部分新兴产业，主要包括采矿业 (M)，炼焦、燃气及石油加工业 (CG)，化学工业 (CI)，非金属矿物制品业 (MN)，金属产品制造业 (MP)，运输仓储邮政、信息传输、计算机服务和软件业 (TS)；GDP 变化较大部门主要为轻工业和高新技术产业，主要包括农、林、牧、渔业 (A)，机械设备制造业 (MM)，批发零售贸易、住宿和餐饮业 (WR)，其他服务业 (OS)。

图 3.12 表示的是模型计算出的 2010 ～ 2020 年我国二氧化碳排放增量优化结果。从图 3.12 中可得，2010 ～ 2020 年，我国碳排放量增量最小值为 18.77 亿 t 左右。碳排放量的年均增速从 9.79% 逐渐降低到 3.28%，增量从 4.84 亿 t 左右减少到 2.17 亿 t。这一结果表明，通过二氧化碳减排政策的不断实施，我国碳排放量总量的减少是可以逐步达到的，最终会达到峰值。

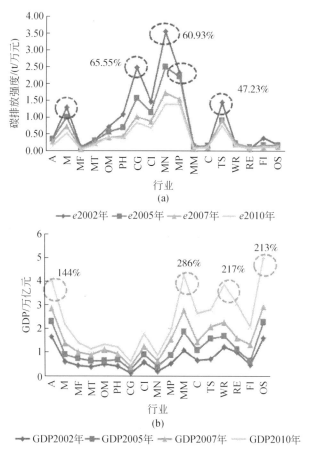

图 3.11　分行业碳排放强度及增加值历年变化趋势

图 3.12　二氧化碳排放增量优化结果

进一步分析，本书得出了各行业碳排放强度和增加值变化的优化结果，如图 3.13 所示。从图 3.13 中可以看出，碳排放强度变化较大部门应该包括采矿业 (M)，炼焦、燃气及石油加工业 (CG)，化学工业 (CI)，非金属矿物制品业 (MN)，金属产品制造业 (MP)，运输仓储邮政、信息传输、计算机服务和软件业 (TS)；GDP 变化较大部门应该包括机械设备制造业 (MM)，运输仓储邮政、信息传输、计算机服务和软件业 (TS)，房地产业，租赁和商务服务业 (RE)，其他服务业 (OS)。这一结果和图 3.11 展示的历史变化趋势大致相同，说明这些行业应该继续保持一贯的减排强度和经济增速。

从产业结构变化的角度来看，2020 年相比 2010 年，产业结构比重增加的部门应主要包括房地产业、租赁和商务服务业 (RE)，运输仓储邮政、信息传输、计算机服务和软件业 (TS)，金属产品制造业 (MP)，化学工业 (CI)，其他制造业 (OM)；产业结构比重减少的部门应主要包括批发零售贸易、住宿和餐饮业 (WR)，食品、饮料制造及烟草制品业 (MF)，建筑业 (C)（图 3.14）。值得一提的是，建筑业对我国经济增长的贡献是毋庸置疑的，且是低碳发展行业，因此，未来仍将保持合理的发展趋势。

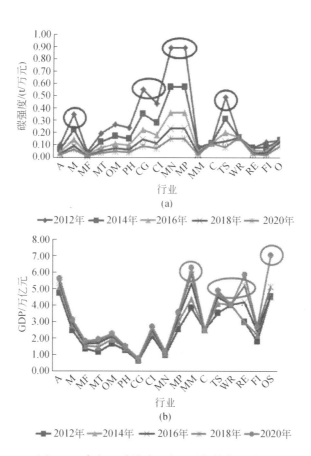

图 3.13　各行业碳排放强度及增加值优化结果

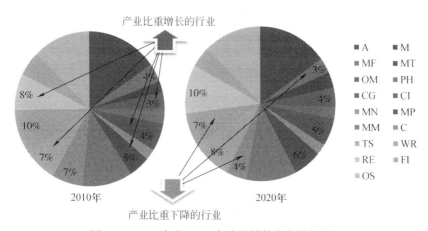

图 3.14　2020 年与 2010 年产业结构优化结果对比

如果总的碳排放增量不大于零，即我国碳排放量达到峰值，那么需要怎样的条件呢？本书把公式（3-17）进行了化简，在技术经济结构 B 不变的条件下，总量减排实现的条件为

$$k \geqslant \frac{r}{r+1} \tag{3-8}$$

式中，k 为预期的碳排放强度减少率；r 为经济增速。

通过对历史年份数据的计算，得到如图 3.15 所示结论。从图 3.15 中可以看出，2002 ~ 2005 年我国碳排放强度的期望降速为 13.19%，2005 ~ 2007 年期望降速为 16.07%，2007 ~ 2010 年为 12.43%。很明显，我们可以发现在这 3 个时期，我国碳排放强度的实际减少远远小于期望降速，甚至不到期望降速的一半。因此，从这一角度来说，我国都想要达到总量减排还有很长的路要走，到 2020 年的短期内不易实现。

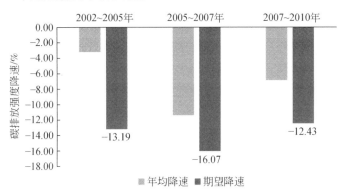

图 3.15　我国近年碳排放强度实际下降与期望下降对比图

3.4　本章小结

本章通过建立 IOM-SAD 模型，分析了我国碳排放增量的主要影响因素，及其直接和间接影响；并建立了碳减排的单目标动态优化模型，分析了我国

2020 年碳排放增量减少的可能发展路径，得到以下结论。

（1）碳排放强度变动是碳减排的主要推动因素，最终需求变动对碳排放总量的增加有明显拉动作用，近年来技术经济结构变动对其拉动作用由正变负。

（2）2002 ~ 2010 年，碳排放强度平均 0.74 个百分点才能抵消最终需求增长 1% 带来的碳排放量增加。

（3）在预期经济增长的前提下，要协调碳排放强度的下降和产业结构的变动才能达到碳排放增量最小，要特别关注采矿业，炼焦、燃气及石油加工业，化学工业，非金属矿物制品业等行业的指标控制。

（4）在保持一定经济增长规模的前提下，总量减排在短期内难以实现，但最终可以实现。

根据以上研究结论，本书给出以下政策建议。

（1）继续降低炼焦、燃气及石油加工业，化学工业，非金属矿物制品业，金属产品制造业，运输仓储邮政、信息传输、计算机服务和软件业的碳排放强度。

（2）关注和解决建筑业，批发零售贸易、住宿和餐饮业，房地产业，租赁和商务服务业的碳排放强度降低所产生的回弹效应。

（3）继续推进产业结构优化，重视农、林、牧、渔业，采矿业，非金属矿物制品业，运输仓储邮政、信息传输、计算机服务和软件业的技术经济结构变动对我国二氧化碳减排的推动作用。

（4）合理增加房地产业，租赁和商务服务业，运输仓储邮政、信息传输、计算机服务和软件业，金属产品制造业，化学工业，其他制造业的产业比重。

第4章 我国2030年碳排放量达峰可能性

我国目前阶段，碳排放量峰值的研究已经引起学术界越来越多的关注。参考第3章的研究成果，中国只要继续推行行之有效的减排政策，就一定会达到碳排放量峰值。但是，何时才能达到碳排放量峰值？这是一个需要深入研究的问题。如图4.1所示，国家发展和改革委员会已经探讨在我国"十三五"计划中提出碳总量减排指标的可能性，说明我国政府已经意识到碳总量控制的重要性。2014年11月，在北京APEC会议期间，我国在"中美气候变化联合声明"中承诺我国在2030年左右实现二氧化碳排放峰值，这一承诺为我

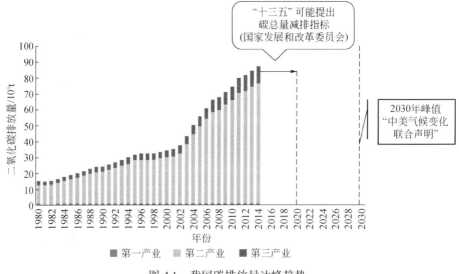

图4.1　我国碳排放量达峰趋势

国碳排放总量的达峰设定了一个时间节点。2030 年能否达峰？这是本章想要重点探讨和分析的问题。

4.1　研究方法

本章首先利用一元二次方程情景分析了 2030 年可能的二氧化碳排放量；然后基于 LMDI 分解方法，建立了我国碳排放量的 LMDI 分解模型；最后基于脱钩理论，建立了我国碳排放量脱钩模型，并结合 LMDI 模型的计算结果对未来的碳排放量脱钩值进行了预测。综上分析，本章阐述了我国 2030 年碳排放量达峰的可能性。具体方法介绍如下。

4.1.1　LMDI 模型

在对 CO_2 排放驱动因素进行研究的方法中，应用最多的是指数分解法，主要包括 Laspeyres 分解法和 Divisia 分解法。其中，Ang 等提出的对数平均 Divisia 指数 (logarithmic mean divisia index，LMDI) 分解法应用最为广泛[79]，该方法能够对分解对象进行完全分解，并不会受到余项问题的困扰，因此其得到了广泛应用[80-82]。

CO_2 排放量可以用式 (4-1) 表示：

$$CE_t = \sum_i^n CE_{it} = \sum_i \frac{CE_{it}}{E_{it}} \times \frac{E_{it}}{GDP_{it}} \times \frac{GDP_{it}}{GDP^t}$$
$$\times GDP^t = \sum_i^n EC_{it} \times EI_{it} \times ES_{it} \times GDP^t \tag{4-1}$$

式中，CE 为能源相关的二氧化碳排放量；E 为能源消费量；GDP 为增加值；EC 为碳排放系数；EI 为能源强度；ES 为产业结构；i 为行业；t 为年份。

因此，二氧化碳排放增量就可以表示为第 0 年和第 t 年的排放量差值，根据 LMDI 分解理论二氧化碳排放量可以表示为 4 个影响因素所引起的增量之和，得到公式（4-2）。

$$\Delta CE = CE_t - CE_0 = EC_{effect} + EI_{effect} + ES_{effect} + GDP_{effect} \tag{4-2}$$

式中，ΔCE 为二氧化碳排放增量；EC_{effect} 为碳排放系数引起的二氧化碳排放增量。

那么，根据 Sun[83] 的 LMDI 理论，本书可以把 EC_{effect}、EI_{effect}、EC_{effect}、GDP_{effect} 分解成以下方程：

$$
\begin{aligned}
EC_{effect} = &\sum_{i}^{n} \Delta EC_t EI_t^0 ES_t^0 GDP^0 + \frac{1}{2} \sum_{i}^{n} \Delta EC_t (\Delta EI_t ES_t^0 GDP^0 + \\
& EI_t^0 \Delta ES_t GDP^0 + EI_t^0 ES_t^0 \Delta GDP) \\
& + \frac{1}{3} \sum_{i}^{n} \Delta EC_t (\Delta EI_t \Delta ES_t GDP^0 + \\
& EI_t^0 \Delta ES_t \Delta GDP + \Delta EI_t ES_t^0 \Delta GDP) \\
& + \frac{1}{4} \sum_{i}^{n} \Delta EC_t \Delta EI_t \Delta ES_t \Delta GDP
\end{aligned}
\tag{4-3}
$$

$$
\begin{aligned}
EI_{effect} = &\sum_{i}^{n} EC_t^0 \Delta EI_t ES_t^0 GDP^0 + \frac{1}{2} \sum_{i}^{n} \Delta EI_t (\Delta EC_t ES_t^0 GDP^0 + EC_t^0 \Delta ES_t GDP^0 \\
& + EC_t^0 ES_t^0 \Delta GDP) \\
& + \frac{1}{3} \sum_{i}^{n} \Delta EI_t (\Delta EC_t \Delta ES_t GDP^0 + EI_t^0 \Delta ES_t \Delta GDP \\
& + \Delta EC_t ES_t^0 \Delta GDP) \\
& + \frac{1}{4} \sum_{i}^{n} \Delta EC_t \Delta EI_t \Delta ES_t \Delta GDP
\end{aligned}
\tag{4-4}
$$

$$
\begin{aligned}
ES_{effect} = &\sum_{i}^{n} EC_t^0 EI_t^0 \Delta ES_t GDP^0 + \frac{1}{2} \sum_{i}^{n} \Delta ES_t (\Delta EC_t EI_t^0 GDP^0 + EC_t^0 \Delta EI_t GDP^0 \\
& + EC_t^0 EI_t^0 \Delta GDP) \\
& + \frac{1}{3} \sum_{i}^{n} \Delta ES_t (\Delta EC_t \Delta EI_t GDP^0 + EC_t^0 \Delta EI_t \Delta GDP \\
& + \Delta EC_t EI_t^0 \Delta GDP) \\
& + \frac{1}{4} \sum_{i}^{n} \Delta EC_t \Delta EI_t \Delta ES_t \Delta GDP
\end{aligned}
\tag{4-5}
$$

$$GDP_{effect} = \sum_i^n EC_t^0 EI_t^0 ES_t^0 \Delta GDP^0 + \frac{1}{2} \sum_i^n \Delta GDP (\Delta EC_t EI_t^0 ES_t^0 + EC_t^0 \Delta EI_t ES_t^0 + EC_t^0 EI_t^0 \Delta ES_t)$$

$$+ \frac{1}{3} \sum_i^n \Delta GDP (\Delta EC_t \Delta EI_t ES_t^0 + EC_t^0 \Delta EI_t \Delta ES_t + \Delta EC_t EI_t^0 \Delta ES_t) \quad (4\text{-}6)$$

$$+ \frac{1}{4} \sum_i^n \Delta EC_t \Delta EI_t \Delta ES_t \Delta GDP$$

4.1.2　脱钩理论

脱钩理论可以通过经济变量和环境变量等相关数据来表征变量间的阻断关系。本节基于 LMDI 分解结果，采用 Diakoulaki 和 Mandaraka[84] 两位学者在研究中国碳排放与经济增长关系时所提出的脱钩指标，把两种方法进行了结合。改革开放以来，我国经济快速发展，也带来了二氧化碳排放量的高速增长，但与此同时，我国政府近年来的碳减排政策和措施对抑制碳排放量增长也起到了积极的作用，如降低能源强度、调整产业结构、鼓励技术创新等。本书利用 ΔF 这一指标来表示碳排放系数、能源强度、产业结构三大指标对我国二氧化碳排放量的总抑制效应，见公式（4-7）。

$$\Delta F = \Delta CE - GDP_{effect} = EC_{effect} + EI_{effect} + ES_{effect} \quad (4\text{-}7)$$

那么，脱钩指数可以被定义为如下公式：

$$D = -\frac{\Delta F}{GDP_{effect}} = D_{EC} + D_{EI} + D_{ES} \quad (4\text{-}8)$$

式中，D 为总脱钩系数；D_{EC}、D_{EI}、D_{ES} 分别为碳排放系数、能源强度、产业结构对碳排放和经济增长之间的脱钩的影响。

如果 $D \geqslant 1$，则代表完全脱钩效应，即抑制因素的完全减排效应大于碳排放增长的经济驱动效应。也就是说，虽然中国经济增长了，但是其碳排放量在降低。如果 $1 > D > 0$，则代表相对脱钩效应，即碳减排效应弱于碳驱动效应。也就是说，中国经济增长伴随着碳排放量的增长。如果 $D \leqslant 0$，则代表无脱钩效应，即抑制因素对中国的碳减排没有影响，相反增加了碳排放量。如果 D_{EC}、D_{EI}、D_{ES} 值大于零，则代表相应抑制因素对碳排放和经济增长之间的脱钩效应有影响，反之，则表示抑制因素对碳排放量增加有影响。

4.2 数据来源

本章设定了 3 个经济增长情景，到 2030 年经济年均增长率分别设定为 7%、6%、5%，其他指标如表 4.1 所示。

表 4.1 情景设定

指标	情景 1	情景 2	情景 3
经济增长率	7%	6%	5%
2020 年二氧化碳排放强度比 2005 年下降 40%			
二氧化碳排放 2030 年达峰			
GDP 为 1978 年不变价			

本章主要数据来源于中国统计年鉴 (1981 ~ 2015)、中国能源统计年鉴 (1981 ~ 2015)，本章主要分析了第一产业、第二产业、第三产业。

4.3 主要结论

4.3.1 指标历史趋势分析

本章把社会经济系统分为 3 个产业，即第一产业、第二产业和第三产业。图 4.2 展示了三大产业产业结构的变化趋势。从图 4.2 中可以看出，1980 ~

2014 年，我国的第一产业比重逐渐减小，第二产业的比重略微下降，第三产业的比重不断提升，反映了我国产业结构调整趋势。

图 4.3 展示了我国能源强度指数变化的历史趋势。可见，我国三大产业及全社会的能源强度基本具有相同的变化趋势，均是逐渐降低的，反映了我国政府在提高生产效率、降低能源强度方面取得了积极的成效。

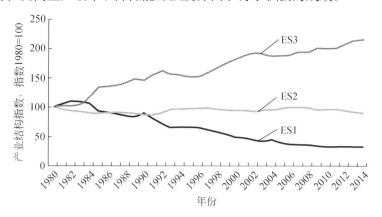

图 4.2　产业结构指数变化历史趋势

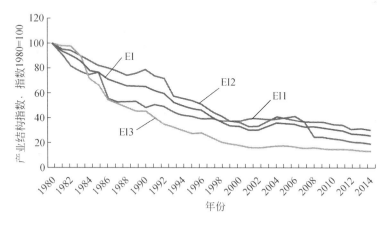

图 4.3　能源强度指数变化历史趋势

图 4.4 展示了我国碳排放系数的指数变化历史趋势。碳排放系数表示我

国能源的燃烧效率，1980 ~ 2014 年三大产业及全社会的碳排放系数呈波动变化趋势。2002 年以来，碳排放系数指数变化趋势逐渐降低，表明我国全社会及三大产业的燃料燃烧效率有所提升，从侧面反映了能源利用效率的提升。

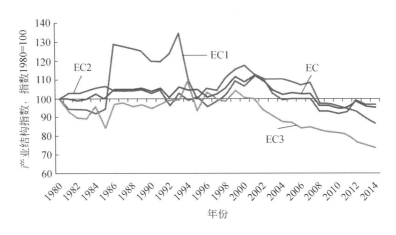

图 4.4　碳排放系数指数变化历史趋势

4.3.2　LMDI 及脱钩结果分析

基于 LMDI 模型，本书对我国二氧化碳排放量进行了影响因素分解，结果如图 4.5 所示。从图 4.5 中明显看出，GDP 增长对我国碳排放量的拉动作用最大，最大拉动作用所在年份为 2006 ~ 2007 年；其次，能源强度和碳排放系数调整对我国的碳减排具有这两个因素的变动较大的推动作用，它们的分解效应曲线呈波动变化趋势。大部分年份能源强度和碳排放系数的分解效应在 0 以下，表明减少了二氧化碳排放量；少数年份其值在 0 以上，表明这两个因素的变动增加了我国二氧化碳排放量。这可能是能源效率提高导致的生产规模扩大所致。产业结构对碳排放量的增长所起的作用出现在 2007 年以前，大部分是起推动作用。随着我国产业结构调整所带来的抑制效应，2007年以后其大部分年份分解效应在 0 以下，表明这一阶段产出结构的调整变化

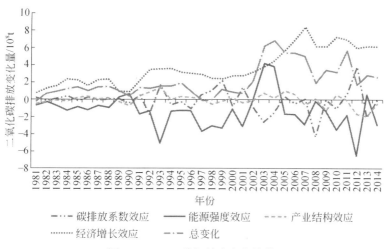

图 4.5　LMDI 分解效应变化趋势

有利于我国的二氧化碳减排。总体来看，我国的二氧化碳排放增量是逐年增长的，特别是 2003 ~ 2011 年，碳排放量的增长幅度较大。

　　具体来看，本章按照我国的每 5 年规划期来计算碳排放量分解结果，如图 4.6 所示。可见，经济增长对碳排放量的推动作用最为明显，从"八五"时期的 14 亿 t，到"十一五"时期的高达 35 亿 t。由于"十一五"和"十二五"的减排措施实施，经济增长的推动作用在"十二五"有所下降，为 25 亿 t；

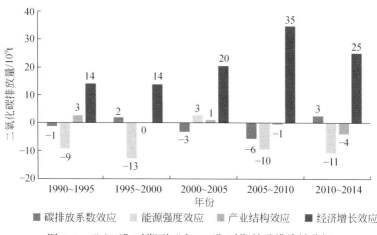

图 4.6　"八五"时期到"十二五"时期的碳排放量分解

能源强度的下降对我国二氧化碳减排的推动作用最为明显，从"八五"时期的9亿t到"十二五"时期的11亿t。但是，在"十五"时期，能源强度的变化却推动了我国碳排放量的增长，表明回弹效应的出现。这也从另外一个方面说明了降低能源强度是把"双刃剑"；碳排放系数和产业结构变化的效应有正有负，但相对数值较小。总体来看，经济增长的推动效应，远远大于其他因素对碳排放量增长的抑制效应。

表4.2展示了各个时期的碳排放量主要指标数据。由表4.2可知，"八五""九五""十一五""十二五"期间，我国的理论减排率在10%以上，且逐渐呈减少趋势，表明近年来我国碳减排的难度不断加大。"十五"期间的二氧化碳理论减排率为负，表明这一期间我国碳排放的抑制因素变成了推动因素，这与图4.6中的能源强度分析结果恰好吻合。

表4.2　各个时期的碳排放量主要指标数据

时期	实际变化 /10^{4}t	理论增长量 /10^{4}t	理论减排量 /10^{4}t	理论减排率 /%
1990 ～ 1995 年	61927	141164	−79237	20.83
1995 ～ 2000 年	28396	139125	−110730	24.43
2000 ～ 2005 年	212820	204948	7872	−1.44
2005 ～ 2010 年	189009	347158	−158150	17.52
2010 ～ 2014 年	127877	250093	−122216	12.29

基于LMDI分解结果和4.1节构建的脱钩指标，本章分析了1981～2014年碳排放量与经济增长之间脱钩指数，如图4.7所示。从图4.7中可知，总体来看，碳排放量与经济增长之间存在弱脱钩关系，且呈波动变化趋势，表明改革开放以来，随着经济的发展我国的二氧化碳排放量也在不断增长。仅在个别年份，如1989～1990年、2002～2004年，表明能源强度、碳排放系数、产业结构等抑制因素增加了我国的碳排放量。能源强度这一指标对

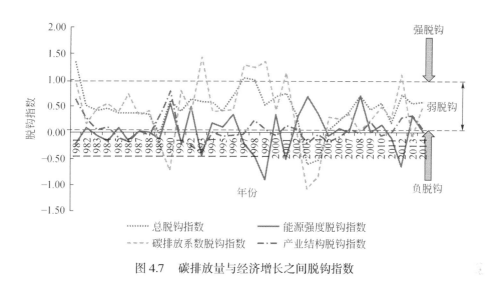

图 4.7　碳排放量与经济增长之间脱钩指数

总脱钩效应的影响较其他两个因素大，说明这一因素是我国碳减排的主要推动力。

4.3.3　脱钩指数预测

本章用最简单的方法预测了在 2030 年达到峰值的情况下，我国 2030 年的二氧化碳排放量。前提假设：① 2020 年达到碳排放强度比 2005 年下降 40% 的目标；② 2030 年达到碳排放的最大值。那么 2015 ～ 2030 是要预测的年份，可以想象，达峰的最可能形式就是排放量线性平滑增长。因此，假设碳排放量符合一元二次曲线方程。通过求解方程，我们得到了 3 个情景下的我国 2030 年之前的排放曲线，如图 4.8 所示。从图 4.8 中可以看出，在 7% 的经济增速下，2030 年的二氧化碳排放量峰值为 134.06 亿 t；在 6% 的经济增速下，2030 年的二氧化碳排放量峰值为 123.65 亿 t。在 5% 的经济增速下，2030 年的二氧化碳排放量峰值为 113.73 亿 t。2030 年之后碳排放量的变化趋势本章没有预测，但实际上最可能的方式还是缓慢平滑下降。

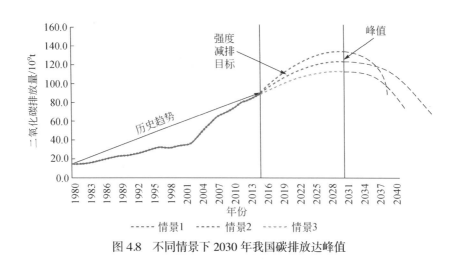

图 4.8 不同情景下 2030 年我国碳排放达峰值

通过 LMDI 分解，本章计算了不同时期的多组分解结果，并找出了不同分解量与主要影响因素之间的关系。例如，GDP 变化所带来的碳排放影响 GDP_{effect}，应该和 GDP 的变化量有一定的相关性。而能源强度变化所带来的碳排放影响 EI_{effect}，应该和能源强度的变化量有一定的相关性。同理，碳排放系数的变化所带来的碳排放影响 EC_{effect} 应该和碳排放系数的变化有一定的相关性。对于产业结构，本章假设产业结构的变化所带来的碳排放影响 ES_{effect} 和第二产业比重的变化有一定的相关性。通过多次方程拟合，得到了碳排放因素分解量和其影响因素之间的关系，如图 4.9 所示。由图 4.9 可知，GDP 的变化量与 GDP_{effect} 的关系曲线拟合度最好，高达 0.9318。本书应用这一函数关系预测了 2015 ~ 2030 年的 GDP_{effect} 值。

基于 2015 ~ 2030 年的 GDP_{effect} 预测值和碳排放量预测值，我们计算了不同情景下，碳排放量与经济增长之间的脱钩指数，如表 4.3 所示。从表 4.3 中可知，无论在哪种情景下，碳排放量与经济增长之间的脱钩指数值均大于 0.3，并逐步增长，在 2030 年左右接近 1。这表明，我国的二氧化碳排放量如果在 2030 年左右达到峰值，那么其与经济增长之间的脱钩关系必须越来

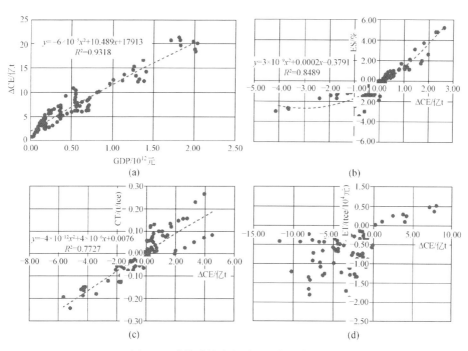

图 4.9 碳排放效应与关键指标函数关系

越强，由弱脱钩变化到接近强脱钩。这是达到峰值的必要条件。

表 4.3 2030 年达峰的脱钩指数预测

年份	情景 1			情景 2			情景 3		
	ΔCE	GDP$_{effect}$	D	ΔCE	GDP$_{effect}$	D	ΔCE	GDP$_{effect}$	D
2015	56724.06	89732.88	0.37	44122.40	79862.22	0.45	32101.34	69861.75	0..54
2016	53064.44	94522.11	0.44	41275.79	83430.61	0.51	30030.29	72374.03	0.59
2017	49404.83	99612.08	0.50	38429.19	87194.74	0.56	27959.23	75003.20	0.63
2018	45745.21	105018.82	0.56	35582.58	91164.07	0.61	25888.18	77754.20	0.67
2019	42085.59	110758.80	0.62	32735.97	95348.38	0.66	23817.13	80632.14	0.70
2020	38425.98	116848.77	0.67	29889.37	99757.69	0.70	21746.07	83642.28	0.74
2021	34766.36	123305.73	0.72	27042.76	104402.29	0.74	19675.02	86790.02	0.77
2022	31106.74	130146.78	0.76	24196.16	109292.66	0.78	17603.96	90080.92	0.80

续表

年份	情景 1			情景 2			情景 3		
	ΔCE	GDP_{effect}	D	ΔCE	GDP_{effect}	D	ΔCE	GDP_{effect}	D
2023	27447.13	137388.97	0.80	21349.55	114439.50	0.81	15532.91	93520.69	0.83
2024	23787.51	145049.11	0.84	18502.94	119853.62	0.85	13461.85	97115.15	0.86
2025	20127.89	153143.56	0.87	15656.34	125545.93	0.88	11390.80	100870.28	0.89
2026	16468.28	161687.96	0.90	12809.73	131527.35	0.90	9319.74	104792.16	0.91
2027	12808.66	170696.89	0.92	9963.12	137808.74	0.93	7248.69	108886.95	0.93
2028	9149.04	180183.53	0.95	7116.52	144400.83	0.95	5177.64	113160.95	0.95
2029	5489.43	190159.16	0.97	4269.91	151314.07	0.97	3106.58	117620.48	0.97
2030	1829.81	200632.63	0.99	1423.30	158558.55	0.99	1035.53	122271.95	0.99

本章把历史值与预测值进行了指标对比，如图 4.10 所示。图 4.10 中 D 表示脱钩指数相同的两个时期，在弱脱钩 (脱钩值 $D=0.36$) 时期，单位 GDP 增量的二氧化碳排放量在 2015 ~ 2020 年为 5.2 t/ 万元，在 2002 ~ 2014 年为 7.22 t/ 万元；随着脱钩值的增加 (脱钩值 $D=0.68$)，单位 GDP 增量的二氧化碳排放量在 2020 ~ 2025 年为 2.22 t/ 万元，在 1997 ~ 2014 年为 6.87 t/ 万元；在接

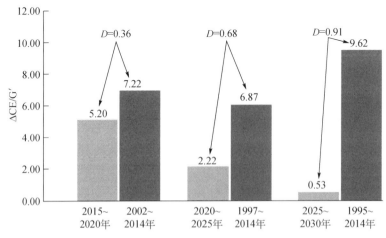

图 4.10 预测年份与历史年份主要指标对比

近强脱钩阶段 (脱钩值 D=0.91), 单位 GDP 增量的二氧化碳排放量在 2025 ~ 2030 年为 0.53 t/ 万元, 在 1995 ~ 2014 年为 9.62 t/ 万元。可以看出, 随着脱钩效应的加强, 单位 GDP 增量的二氧化碳排放量这一指标应该不断变小, 但是实际情况是在所有相似的历史时期, 这一指标均与理想值差距较大。在接近强脱钩阶段, 这一指标的历史值和理想值差距接近 18 倍。因此, 我国想在 2030 年左右达到峰值, 以目前的碳减排趋势很难达到。

4.4　本章小结

本章综合应用了情景分析方法、LMDI 分解方法和脱钩理论, 建立了我国碳排放量分解模型, 以及碳排放量与经济增长之间的脱钩指数, 得出了以下主要结论。

（1）GDP 增长对我国碳排放量的拉动作用最大, 最大的拉动作用出现在 2006 ~ 2007 年; 另外, 能源强度和碳排放系数调整对我国的碳减排具有较大的推动作用。

（2）总体来看, 经济增长的推动效应远远大于其他因素对碳排放量增长的抑制效应。

（3）碳排放增量按照预计的减少趋势必须有强脱钩效应, 但依据目前的脱钩效应现状, 我国 2030 年碳排放量达峰实现难度较大。

基于以上结论, 本书认为我国政府应该继续加大二氧化碳减排力度, 并重视碳总量减排指标的制定。

第5章 我国关键行业低碳发展技术分析

中国作为能源消耗和碳排放第一大国,低碳发展技术对于我国减少碳排放至关重要。根据麦肯锡[85]研究报告,中国80%以上的节能减排是通过减碳技术实现的,"十二五"期间减碳技术仍然是实现节能目标和碳强度目标的中坚力量。长远来看,明确重要技术领域、识别关键发展技术是中国低碳发展的重要保障。从技术类型上来看,低碳技术主要分为三大类:第一类为减碳技术,即通常意义上的节能减排技术,主要是指在高耗能和高排放领域及行业推广节能减排技术;第二类是无碳技术,即针对新能源和可再生能源发展的一系列应用技术;第三类是去碳技术,如典型的二氧化碳捕集、利用、封存技术 (CCUS)。本章基于文献调研和政策调研,定性分析了我国关键行业的主要低碳发展技术,并绘制了我国未来低碳发展技术路线图。

5.1 减碳发展技术

减碳发展技术,即传统意义上的节能减排技术,是指技术方案在实施运行过程中相对于其他技术方案排放更少二氧化碳的技术。我国政府为了推进节能减排工作的进行,出台了大量行业规划和政策标准。特别是在"十一五"期间,出台了多项节能减排政策措施。例如,颁布了多项产品单耗限额国家标准，给企业下达节能量指标，开展能源审计和千家企业节能行动，针对燃煤锅炉改造、电机系统节能、能量系统优化、余热余压利用等开展的"十大重点节能工程"，这些政策法规对我国减碳技术的推广产生了积极的推动作用。相比 2005 年，2010 年电力行业 300MW 以上火电机组占火电装机容量的比重由 50% 上升到 73%，钢铁行业 1000m³ 以上大型高炉产能比重由 48% 上升到 61%，建材行业新型干法水泥熟料产量比重由 39% 上升到 81%，燃煤电厂投产运行脱硫机组容量达 5.78 亿 kW，占全部火电机组容量的 82.6%。"十一五"期间，钢铁行业干熄焦技术普及率由不足 30% 提高到 80% 以上，水泥行业低温余热回收发电技术普及率由开始起步提高到 55%，烧碱行业离子膜法烧碱技术普及率由 29% 提高到 84%。"十二五"期间，我国政府出台了更加严格的减排指标和技术标准，《节能减排"十二五"规划》[86] 明确提出"到 2015 年，规模以上工业单位工业增加值能耗比 2010 年下降 21% 左右，建筑、交通运输、公共机构等重点领域能耗增幅得到有效控制，主要产品单位能耗指标达到先进节能标准的比例大幅提高，部分行业和大中型企业节能指标达到世界先进水平，风机、水泵、空压机、变压器等新增主要耗能设备能效指标达到国内或国际先进水平"。部分行业节能指标和淘汰落后产能标准如表 5.1 所示。根据国家能源局召开的全国"十三五"能源规划工作会议精神，"十三五"期间，我国的节能减排工作将得到进一步强化。

表 5.1　"十二五"部分节能指标及设备淘汰目录

指标	单位	2010 年	2015 年	变化
火电供电煤耗	gce/kW·h	333	325	-8
吨钢综合能耗	kgce	605	580	-25
原油加工综合能	kgce/t	99	86	-13
合成氨综合能耗	kgce/t	1402	1350	-52
水泥熟料综合能耗	kgce/t	115	112	-3

续表

指标	单位	2010 年	2015 年	变化
行业	淘汰设备			
钢铁	400m³ 及以下炼铁高炉，30t 及以下转炉、电炉等			
水泥	立窑，干法中空窑，直径 3m 以下水泥粉磨设备			
铜冶炼	鼓风炉、电炉、反射炉炼铜工艺及设备			
化纤	2 万 t/a 及以下黏胶常规短纤维生产线，湿法氨纶工艺生产线等			
电石	单台炉容量小于 12500kVA 电石炉及开放式电石			

资料来源：国家发展和改革委员会《节能减排"十二五"规划》。

在国家多层面节能减排政策及规划的出台后，我国减碳技术的推广和发展迎来了难得的机遇。从设备的行业属性上划分，减碳技术主要包括通用设备的减排技术和专用设备的减排技术，即行业专用生产设备的减排技术。通用设备减排技术主要包括锅炉、电动机、绿色照明、余热利用、变压器、热泵等通用设备的节能减排技术。

工业具有非常大的节能潜力。2002 ~ 2006 年，大约 83% 的工业部门能源消费量来自煤炭、石油加工、化工、建材、钢铁、有色、电力七大行业，是工业部门节能降耗的重点行业[87]。钢铁行业、水泥行业、石化行业、建筑行业是我国工业部门中主要的高耗能行业，2012 年这四大主要耗能行业的能耗总量占到我国终端能源消费总量的 44%。我国《节能减排"十二五"规划》中针对这四大行业的减碳技术选择均有表述。例如，针对钢铁行业，该规划提出优化高炉炼铁炉料结构，降低铁钢比，推广连铸坯热送热装和直接轧制技术，推动干熄焦、高炉煤气、转炉煤气和焦炉煤气等二次能源高效回收利用，鼓励烧结机余热发电，到 2015 年重点大中型企业余热余压利用率达到50% 以上。支持大中型钢铁企业建设能源管理中心。针对石化行业提出原油开采行业要全面实施抽油机驱动电机节能改造，推广不加热集油技术和油田采出水余热回收利用技术，提高油田伴生气回收水平。鼓励符合条件的新建炼油项目发展炼化一体化。原油加工行业重点推广高效换热器并优化换热流程、优化中段回流取热比例、降低汽化率、塔顶循环回流换热等节能技术。因此，主要工业行业的减碳技术选择对于我国的二氧化碳减排来说具有重要的影响，也是我国国家节能减排政策支持的重点。

　　本书主要依据国家"十一五""十二五"期间出台的相关的法律法规、国家和行业节能减排政策和能效标准、行业发展和节能规划、国家重点推广的节能技术目录、国内外最新的技术发展前沿，针对钢铁行业、水泥行业、石化行业、建筑行业四大高耗能行业部门进行分析。

5.1.1　钢铁行业减碳技术

　　我国是目前世界上第一钢铁生产大国，2013 年我国粗钢产量高达 8.22 亿 t，十几年来，钢铁工业在粗钢产量逐渐增加的情况下，吨钢能源消耗逐年下降，相比 2005 年，2010 年钢铁行业增加值能耗下降 23.4%、吨钢综合能耗下降 12.1%。5 年累计淘汰炼铁、炼钢等落后产能分别为 12000 万 t 和 7200 万 t。《工业节能"十二五"规划》[188] 提出，到 2015 年，我国规模以上工业增加值能耗比 2010 年下降 21% 左右。但整体来看，我国钢铁行业能耗水平与国外先进水平依然存在较大的差距。我国钢铁行业是主要的高耗能行业，2012 年钢铁行业的能耗占全国能源消费比例达到 16%，节能压力仍然较大。因此，采取有效措施进一步实现钢铁行业节能迫在眉睫。

　　国家政策积极鼓励钢铁企业减碳技术的推广。由工业和信息化 2010 年颁布的《钢铁行业生产经营规范条件》[189] 明确规定了钢铁企业主要生产工序能源消耗指标须符合《粗钢生产主要工序单位产品能源消耗限额》(GB 21256—2007)[190] 和《焦炭单位产品能源消耗限额》(GB 21342—2013)[191] 的要求，其中焦化工序能耗≤155kgce/t、烧结工序能耗≤56kgce/t、高炉工序能耗≤446kgce/t、转炉工序能耗≤0kgce/t。高炉渣综合利用率不低于97%，转炉渣不低于60%，电炉渣不低于50%。《钢铁产业发展政策》《钢铁产业调整和振兴规划》《产业结构调整指导目录》[92-94] 等规划和政策措施中对钢铁企业的落后生产设备进行了强制性淘汰。《国家中长期科学和技术发展规划纲要(2006—2020年)》[95] 和《国家重点节能技术推广目录》(1-6批)[96] 中对钢铁企业的重点减碳技术和未来发展方向作了描述。此外，《钢铁企业烧结余热发电技术推广实施方案》《钢铁工业节能减排指导意见》[97, 98] 等政策措施也对钢铁行业减碳技术的发展给予了指导和支持。这些政策的制定和实施对于我国钢铁行业减碳技术的发展起到了积极的推动作用。

钢铁企业的节能途径主要包括以下几个方面。

1. 提高节能技术

国外先进企业生产的二次能源几乎全部回收利用，资源利用率达98%。我国钢铁企业回收利用余热、余能的技术措施也较成熟，效果也较好，如焦炉干熄焦 CDQ 回收蒸汽发电设施、高炉余压发电 TRT 设施、烧结尾气回收蒸汽设施，以及转炉煤气、蒸汽回收设施等。另外，蓄热式加热炉燃烧地热值的高炉煤气技术、连铸坯热装 – 热送技术和采用煤气 – 空气双预热的蓄热式加热炉技术等都是为实现节能而值得推广和普及的实用、成熟工艺技术。

2. 淘汰落后工艺装备

《循环经济法》[99] 提出了以生产者为主的责任延伸制度和循环经济重担企业定额管理制度，规定了生产者不仅对产品质量负责，还要承担产品废弃后的回收、利用和处置；同时，还规定钢铁企业在统计年度内的综合能耗、水耗、物料消耗和废弃物发生总量。我国2008年6月1日颁布的《粗钢生产工序单位产品能源消耗限额》[90]《钢铁企业节能设计规范》[100]《钢铁企业节水设计规范》[101]等文件，提高了钢铁行业的准入门槛。这一切强有力的政策性文件，对于淘汰钢铁行业的落后工艺装备，实现节能目标，起到了巨大的推动作用。

3.提高钢铁企业产品的附加价值

高附加值产品是指技术含量、文化价值等比一般产品要高的产品，其具有更多的利润。钢铁企业高附加值产品主要包括冷轧薄宽带、冷轧薄板、镀层板带、电工钢板等六种产品。我国钢铁行业规模庞大，每年进口大量铁矿石，钢铁产能过剩，特别是结构性过剩严重，低端产品恶性竞争，高端产品缺乏竞争力。提高钢铁产品的附加值，实现更少消耗、更少排放，加大对高附加值产品的研发与投资力度是提高我国钢铁工业市场及技术竞争力的必然要求。

目前，中国钢铁行业的节能减排形势依然严峻，面临着诸多问题。例如，铁钢比过高、能源消费结构单一、中小高炉多大型化设备少、产业集中度差等，这些对钢铁行业节能技术的推广均造成了一定障碍。从政策制定和实施的角度来说，钢铁行业的低碳技术推广还需要国家各个部门的大力支持，如建立关键减排专项基金，有限审批钢铁行业的专项减排技术，并给予一定的税收优惠，加强新型减排技术的基础研究和技术过关等，形成中国具有核心竞争力的钢铁行业碳减排技术。

5.1.2　水泥行业减碳技术

水泥的生产需要消耗大量的能源，其能耗约占整个建材工业的75%。随着我国经济的发展，国家对于水泥的需求也在以迅猛的势头增长。我国生产了世界近50%的水泥，这主要由于我国的建筑行业需求巨大，此外，我国建筑平均寿命偏低也是消耗水泥多的一个主要原因。如此巨大的水泥需求势必会有大量的能源消耗。水泥工业"十二五"发展规划指出："十二五"期间，随着经济发展方式加快转变，国内市场对水泥总量需求将有高速增长逐步转为平稳增长，增速明显趋缓。目前我国每吨水泥综合能耗比国际先进水平高出 35% 左右，这说明我国水泥的节能还是有相当大的潜力，如表 5.2 所示。2013 年我国进一步加大水泥行业环保力度，相继出台了《水泥工业大气污染物排放标准》《水泥窑协同处置固体废物污染控制标准》《水泥窑协同处置固体废物环境保护技术规范》[102-104] 等标准，对水泥行业的排放标准做了明确的规定。水泥行业的减碳技术发展对我国的节能减排工作具有十分重大意义。

表 5.2　国内外水泥主要指标能效水平 [105]

项目		国际先进水平	国内先进水平	国内平均水平
1000 ~ 2000t/d（含 1000t/d）	熟料综合能耗 /(kgce/t)	116	124	140
	水泥综合能耗 /(kgce/t)	94.5	101	113.5
2000 ~ 4000t/d（含 2000t/d）	熟料综合能耗 /(kgce/t)	111	115	127
	水泥综合能耗 /(kgce/t)	90.5	94.5	103.5
4000t/d 以上（含 4000t/d）	熟料综合能耗 /(kgce/t)	107	111	119
	水泥综合能耗 /(kgce/t)	87.5	91	97.5
年产 60 万 t 水泥粉磨企业	水泥综合电耗 /(kWh/t)	34	36	40
年产 80 万 t 水泥粉磨企业	水泥综合电耗 /(kWh/t)	33	35	39
年产 120 万 t 水泥粉磨企业	水泥综合电耗 /(kWh/t)	32	34	38

水泥产业的节能途径主要包括以下几个方面。

1. 调整水泥工业结构

我国的水泥工业的结构存在着一定的不合理性，这严重制约了我国水泥工业的节能减排。水泥生产的水泥窑越大，单位熟料的能源消耗就越低。此外，我国部分水泥企业依然在沿用传统的湿法水泥生产技术，与之相比，新式干法水泥生产工艺生产节能可以达到 50% ~ 60%。调整水泥行业的生产方式也可以达到节能减排的目的。

2. 提高水泥节能技术

水泥生产可以应用各种节能技术，从而起到综合节能的作用。目前相对先进的节能技术有高效粉磨技术、新式干法水泥生产技术、余热余能再利用技术、电机变频技术等。例如，磨粉工艺流程是水泥生产的主要耗能环节，在磨制工序中适当地采用新型的磨制技术和设备可在节电方面取得显著效果。新的技术不仅仅从生产角度节约水泥的生产，同时可以提高水泥的质量，增加水泥的使用寿命。此外，水泥生产过程中会产生大量的余热，余热余能再利用技术可以回收水泥加工过程中的多余热量，达到节能减排的目的。

3. 提高水泥产品质量

我国水泥的产品质量相对低下，这导致我国的建筑使用寿命相对较短。提高水泥的综合质量，可以减少我国的水泥消耗量，间接地减少能源消耗，同时延长国内建筑的使用期限和投资周期，一举多得。

水泥行业的低碳发展技术仍然面临着一些障碍。例如，协同处置废弃物方面缺乏政策支持、地方上政策实施不到位、余热发电并网难等。国家应该实施更加有效的激励计划和政策，以继续推进水泥行业的低碳技术发展。

5.1.3 石化行业减碳技术

石化行业作为国民经济的支柱，既承担着为社会提供能源和化工燃料的责任又肩负着节能降耗的重任。大量统计数据和行业比较表明，中国石油利用效率与发达国家相比明显偏低。中国提高油气利用效率、降低石油消耗的潜力十分可观，应致力于走低耗、节约型的石油消费新道路。从长远来看，在解决中国石油供应短缺的问题上，应积极采取石油替代战略，除了近年来成为行业热点的合理开发和利用国产优质煤炭通过直接液化或间接液化生产替代石油，以及加快发展核电替代石油、努力培育天然气利用市场、提高天然气产量替代石油、积极发展煤层气产业替代石油等技术以外，现有的石油石化行业在可预见的将来仍然是主要的燃料和基本有机化学原料提供者，石化行业的节能技术尤为重要，甚至可以将节能视为"一种新型的能源"。由于替代能源在技术经济政策及工业化时间上仍然有漫长的道路要走，在目前能源形势仍然十分严峻的情况下，节能成为石化行业乃至整个社会必然和必需的选择。

近年来，我国加快了石化产业减碳技术的推广，相继出台了一系列政策措施，如《国务院关于进一步加强淘汰落后产能工作的通知》(国发〔2010〕7 号)[106]《产业结构调整指导目录》《部分工业行业淘汰落后生产工艺装备和产品指导目录》等。《石油和化学工业"十二五"发展规划》[107] 中提出了以下几方面创新性技术发展方向，主要包括百万吨乙烯成套装备、直接氧化法环氧丙烷技术、环氧乙烷大型反应器、高档润滑油成套技术开发；大型煤液化、甲醇制烯烃 (MTO)、流化床甲醇制丙烯 (FMTP) 工艺完善和技术升级；大型成套氮肥技术和装备、大型煤气化炉成套技术、湿法磷酸精制技术、磷石膏综合利用技术；新型臭氧层消耗物质替代品、高性能含氟聚合物、特种有机硅材料、工程塑料、丁基橡胶、稀土顺丁橡胶、高性能热塑性弹性体、碳纤维、芳纶等生产技术和复合材料生产技术。这些政策规划为我国石化行业未来的技术发展指明了方向。石化企业节能的主要节能减排途经包括以下几个方面。

1. 提高设备效率

石化企业主要生产设备包括换热器、蒸馏塔等工艺设备、加热炉、反应器和机泵设备等。设备效率的提高可以提高能量的利用效率。例如，通过组合强化反应器达到改善传热传质效果，以提高反应器效率；加强烟气余热回收；强化加热炉燃烧，改善传热，减少散热损失；控制燃料硫含量，降低排烟温度等。

2. 工艺改进

石油加工过程由一系列的工艺单元组成，改进工艺过程是石化企业节能降耗的重要手段之一。典型的石化新工艺包括物料平衡提高蜡油收率，消除渣油处理量的瓶颈；常减压深拔工艺，在充分考虑装置构成及原油一两次加工能力配套的前提下配合全厂延迟焦化的灵活可调循环比工艺，不仅提高装置操作柔性，同时使得装置用能更合理和可控；MTBE 装置反应蒸馏工艺，通过反应和蒸馏过程耦合，提高物料转化率和降低能耗。

3. 热联合及低温热回收利用

石化企业生产装置单元间的热联合是提高能量利用效率的一项重要措施，通过在装置之间进行冷、热流的优化匹配，避免"高热低用"造成的能量无谓损失和装置物流重复冷却加热带来的热量损失，并从全流程角度避免大量低品质热量的产生，达到热量回收和节能效果。

4. 电力系统

石化企业的电力来源主要有两个方面：企业自产电力和外购电力。对于电力系统，应首先优化物料传输，减少不必要的物料输送，通过停开或少开机泵直接节省电力，包括直供料、热联合减少空冷电耗、在线调和技术等。其次，提高功率因数，采用节能设备和技术，提高能量转换过程效率。最后，在新的电力平衡和需求格局下安排合理的外购电力。

5.1.4 建筑行业减碳技术

我国建筑行业能耗连年攀升，节能环保问题已经迫在眉睫。《2013—

2017年中国智能建筑行业市场前景与投资战略规划分析报告》[108]研究数据显示，我国建筑能耗占全社会总能耗的比例已经从20世纪70年代末的10%，上升到27.45%，逐渐接近30%。目前，我国每年城市新建房屋建筑面积已经超过30亿 m²(2011年我国房屋建筑竣工面积为31.64亿 m²)，其中80%以上为高耗能建筑；现有建筑近400亿 m²，95%以上是高耗能建筑。我国住宅建设的物耗水平与发达国家相比，钢材消耗高出10% ~ 25%建筑能耗约占我国整个社会能耗的30%，楼宇年电力消耗总量占全国总消耗10%，能源费用超过800亿元，大部分楼宇全年用电量在100万 kW·h 以上。随着我国经济的发展，建筑能耗的比例将继续增加。因此，建筑行业节能技术的研究、开发和推广对整个建筑节能乃至国家的经济发展都具有重要的作用和极大的影响。

建筑节能技术，是指在建筑施工及使用过程中以最小能耗满足人类需求的技术，是低碳发展技术的重要组成部分。按照节能主体和节能类型划分，建筑节能技术可以分为北方城镇集中采暖节能技术、城镇住宅除采暖节能技术、公共建筑除采暖节能技术、农村住在节能技术[109]。针对以上划分，美国劳伦斯伯克利国家实验室2007年发布了《中国能源使用未来趋势研究报告》[110]，指出主要的建筑节能技术包括：结构保温材料、双层玻璃幕墙、被动式太阳能加热、热泵技术、太阳能热水器、冷热电联供、风机水泵变频技术等。按照对象属性划分，建筑节能技术主要包括建筑本体节能技术、建筑系统及设备技能技术、建筑环境节能技术。在我国，建筑本体的节能技术应用较为广泛，如楼体加装保温板等。随着技术的发展和环保意识的提升，近年来"绿色建筑""节能建筑"等概念不断出现。例如，利用光伏技术提供建筑的部分能量需求，利用建筑巧妙设计减少空调使用等。《"十二五"建筑节能专项规划》[111]中明确提出要大力发展绿色建筑，在城市规划的新区、经济技术开发区、高新技术产业开发区、生态工业示范园区、旧城更新区等实施 100 个以规模化推进绿色建筑为主的绿色生态城（区）。随着国家政策在建筑节能领域的倾斜，以及建筑技术的研发，我国建筑节能技术的应用将得到越来越快的发展。

5.2　无碳发展技术

无碳发展技术主要是指新能源及可再生能源的发展技术。新能源又称非常规能源，是区别于传统能源的正处于积极研发阶段、尚未得到大规模利用推广的能源。主要包括太阳能、风能、生物质能、地热能、水能、海洋能、氢能及生物质能等。新能源与可再生能源资源储量丰富、开发利用前景广阔、污染少、是未来可供人类利用的主要能源品种。目前，新能源与可再生能源的开发利用是世界各国能源发展战略和可持续发展战略的主要组成部分，也是解决我国能源供需差距加大、能源贫困、能源安全等问题的重要内容和支撑。可以预见，一个全人类"绿色能源"的全新时代已经来临。

5.2.1　主要技术类型

1. 太阳能利用技术

太阳能是目前最具普遍意义的用之不竭的可再生能源之一，由于其储量巨大、分布广泛、环境友好等特点，越来越受到世界各国的关注。每年到达地球表面上的太阳辐射能约相当于 130 万亿 t 煤所释放的能量。而据世界能源会议统计，世界已探明可采煤炭储量共计 15980 亿 t，每年的太阳辐射能约为世界煤炭储量的 81 倍，可以说太阳能其总量属现今世界上可以开发的最大能源。太阳能利用包括热利用、光电转换和光化学转换等，主要技术和产品是太阳能热水器。它是把太阳辐射转变为热能的一种实用技术，$1m^2$ 太阳能热水器每天可生产 40 ~ 50℃的热水 70 ~ 100L，年替代标准煤 150kg，相当于 417kW·h 电。太阳能的大规模开发利用，是未来低碳发展的必然选择之一。

太阳能光伏发电是利用太阳电池把太阳辐射转变成电能，太阳能光伏电池是太阳能光伏发电的核心部分，分为晶体硅光伏电池、薄膜光伏电池和聚光电池等种类，其使用寿命为 20 ~ 25 年，生产太阳电池的能耗 2 ~ 5 年就可收回。近年来，由于政府一直对太阳能开发利用给予高度重视，我国光伏发电产业和应用取得了全面进步。我国太阳电池产量连续 7 年产量世界第一，硅基薄膜电池商业化最高效率达到 8% 以上，生产设备也已经从过去的全部引进到现在 70% 以上的国产化率；500kW 级太阳能并网逆变器等关键设备实现国产化，并网太阳能系统开始商业化推广，太阳能微网技术开发与国际基本同步。为加快太阳能产业发展，提高行业科技水平，"八五"以来，科学技术部就关键部件在技术研发方面给予了持续支持，"十一五"期间启动了 1MW 塔式太阳能热发电技术研究及系统示范[112]。目前，大规模发电技术已实现突破，部分关键器件已产业化。我国《"十二五"能源规划》中明确提出加快太阳能多元化利用，推进光伏产业兼并重组和优化升级，大力推广与建筑结合的光伏发电，提高分布式利用规模，立足就地消纳建设大型光伏电站，积极开展太阳能热发电示范。加快发展建筑一体化太阳能应用，鼓励太阳能发电、采暖和制冷、太阳能中高温工业应用。由此可见，太阳能利用技术的大规模推广和应用在不久的将来将得以实现。

2. 风能利用技术

风能是另一种普遍存在的清洁可再生能源，风能的利用方法主要是风力发电。风力发电是可再生能源技术中相对成熟、具备地域性规模化开发条件和商业化发展前景的一种最有效形式。风力发电自 20 世纪 70 年代以来，逐渐从孤立使用的小型风力发电机发展为联网使用的大型风力发电机组，世界各地建成了许多可大规模生产电力的风电场，风电已成为继火电、水电和核电之后的第四大主要发电能源。中国风电场建设始于 20 世纪 80 年代，在其后的 10 余年中，经历了初期示范阶段和产业化建立阶段，装机容量平稳、缓慢增长。自 2003 年起，风电场建设进入规模化及国产化阶段，装机容量增长迅速。特别是 2006 年始，连续 4 年装机容量翻番，形成了爆发式的增长。据全球风能理事会的统计，2011 年我国新增装机容量 18000 MW，保持全球新增装机容量第一[113]。

3. 生物质能利用技术

生物质能是以植物光合作用固定的生物质为载体的能源，它从太阳能转化而来，现代生物质能利用是采用先进的转换技术生产出固体、液体、气体等高品位的能源来替代化石燃料。应用领域是沼气、生物质发电、生物质液体燃料、生物质致密成型燃料等。主要形式包括：直接燃烧发电、与煤混烧发电、气化发电及沼气/填埋气发电等。对于农村而言，主要是垃圾发电、植物秸秆发电、植物生产燃料乙醇等。对于生物发电，世界发达国家和部分发展中国家多数采用厌氧消化技术。许多发展中国家，如印度、巴西，以及其他拉丁美洲和非洲国家等均通过燃烧糖醇生产中剩余的甘蔗渣发电。

4. 水能利用技术

水力发电是指利用水位落差配合水轮发电机产生电力的技术，按集中落差的方式分类，分为堤坝式水电厂、引水式水电厂，混合式水电厂、潮汐水电厂和抽水蓄能电厂。水力发电是我国非化石能源利用的主要方式之一，是我国目前应用规模最大的可再生能源技术。2013 年，全国水电新增装机容量达到 2993 万 kW，同比增加 1676 万 kW，增长 78.6%。截至 2013 年年底，全国全口径水电装机容量 2.8 亿 kW，同比增长 12.3%；全年全国全口径水电发电量 8963 亿 kW·h，同比增长 5.0%。目前，无论是水电装机总量、水电发电量和消费量均居世界首位。目前，水力发电技术已经成熟，且被大规模推广应用，我国已经建立了一批世界级的水利发电站，如三峡电站等。但是，从开发水平上来看，中国水电的开发水平约为 22%，而发达国家的水电平均开发程度在 60% 以上 [87]，我国的水力发电仍然具有较大的开发潜力。

5. 核能利用技术

核能是人类最具希望的未来能源。人们开发核能的途径有两种：一是重元素的裂变，如铀的裂变；二是轻元素的聚变，如氘、氚、锂等。重元素的裂变技术，已得到实际性的应用，在核电建设方面，坚持热堆、快堆、聚变堆"三步走"技术路线，以百万千瓦级先进压水堆为主，积极发展高温气冷堆、商业快堆和小型堆等新技；而轻元素聚变技术也正在积极研制之中。不论是重元素铀，还是轻元素氘、氚，在海洋中都有相当巨大的储藏量。

6. 其他新能源与可再生能源利用技术

地球内部的温度非常高，透过厚厚地层向外释放，这种"大地热流"产生的能量称地热能。地热资源有两种：一种是地下蒸汽或地热水（温泉）；另一种是地下干热岩体的热能。地热发电技术是利用地下热水和蒸汽为动力源的一种新型发电技术。热源热泵技术就是利用地表与地下水温的差异，通过地埋管将浅层地热引出进行间接换热的技术。

海洋能是一种蕴藏量极大的可再生能源，包括潮汐能、波浪能、温差能和盐差能等多种形式。潮汐能是指涨潮和落潮之间所负载的能量；潮汐和风又形成了海洋波浪，从而产生波浪能；太阳照射在海洋的表面，使海洋的上部和底部形成温差，从而形成温差能。所有这些形式的海洋能都可以加以利用。目前，海洋能主要的开发形式是潮汐发电。让涨潮的海水进有一定高度的储水池，池水下溢即通过水位落差用于发电。

5.2.2　法规政策体系

我国的可再生能源开发已经从法律和政策体系上得到了国家的支持和鼓励。2005 年，我国出台的《可再生能源法》[114]将可再生能源的开发利用纳入到法律体系，其是我国国家层面上推进可再生能源发展的基本法律，对发展可再生能源的目的、基本原则、产业指导与技术支持、推广与应用、经济激励与监督措施、法律责任等做了明确规定。此后，国务院相关部门相继出台了 20 多项法律实施细则，且地方政府针对各地的实际特点也出台的相关规定，构成了《可再生能源法》的配套组成部分。

在经济政策支持方面，我国从 20 世纪 80 年代开始就为可再生能源的发展提供了各种财政补贴、税收优惠等。1987 年，国务院决定建立农村能源专项贴息贷款，按商业银行利率的 50% 对可再生能源项目提供补贴；1994年原电力工业部出台了鼓励大型风力发电系统联网的规定——《风力发电场并网运行管理规定》[115]；2006 年财政部和建设部联合发布的《可再生能源建筑应用专项资金管理暂行办法》[116]，对"可再生能源建筑"和"可再生能源应用专项资金"做出了明确规定。就可再生能源而言，目前还没有对进口关税优惠给予明文规定，但实际上对风力发电设备和光伏设备都给予了优惠。实际征收的关税税率分别为风力发电零部件为 3%、风力发电机组为 0%、光伏设备进口税率为 12%。

在技术研发支持方面，政府为支持新能源与可再生能源发展制定并实施了一批较为大型的发展计划。一是为各级新能源与可再生能源科学研究机构提供行政事业费和全部或部分科研工作费。二是为重点科技攻关项目和培训提供支持。据不完全统计，"九五"期间国家级科技攻关的总费用超过 1 亿元，"十五"国家通过科技攻关计划、"863"计划、"973"计划和产业化计划，共安排 10 多亿元资金，支持光伏发电、并网发电、太阳能热水器、氢能和燃料电池等领域先进技术的研发和产业化。三是项目补贴，如内蒙古新能源通电计划，国家专项补贴了 2.25 亿元[117]。

5.3 去碳发展技术

去碳发展技术是指把二氧化碳去除或者加以利用的技术，如典型的 CCS(二氧化碳捕集、运输、封存) 技术，去碳发展技术是实现完全减排的一个重要手段，目前世界各国已经开始积极开展 CCS 技术的研发、示范及初步商业推广，去碳技术对于二氧化碳减排具有巨大的潜力。

5.3.1 技术发展现状

在全球气候变化的大背景下，作为 CCS 技术，特别是作为 CCS 技术最有潜力的代表的碳捕集、运输、利用、封存 (CCUS) 技术得到当前世界各国的普遍关注。CCS 技术是指通过碳捕捉技术，将工业和有关能源产业所生产的二氧化碳分离出来，再通过碳储存手段，将其输送并封存到海底或地下等与大气隔绝的地方。CCUS 技术是指在二氧化碳封存之前或者是封存的过程中对其加以利用，同时提高社会系统的经济效益。

中国对 CCUS 技术给予了积极的关注和高度重视。《国家中长期科学和技术发展规划纲要 (2006-2020 年)》《中国应对气候变化科技专项行动》《国家"十二五"科学和技术发展规划》[118-120] 等科技政策文件中均明确提出要将 CCUS 技术开发作为控制温室气体排放和减缓气候变化的重要任务。

开展 CCUS 技术研发和储备，将为我国未来温室气体减排提供一种重要的战略性技术选择。为此，中国科学技术部等相关部门围绕二氧化碳捕集、运输、资源化利用与封存相关科学理论、关键技术、示范及相关战略等进行了系统部署，旨在加强技术创新，促进能耗和成本降低，深化和拓展二氧化碳资源化利用途径，提高其可持续发展效益。近年来，中国对 CCUS 技术的发展给予了积极的关注，在相关技术政策、研发示范、能力建设、国际合作等方面开展了一系列工作以推动该技术的发展。尽管起步较晚，中国 CCUS 技术发展在近些年也取得了长足进步。在政府的指导下，企业、科研单位和高等院校共同参与，已围绕 CCUS 相关理论、关键技术和配套政策的研究开展了很多工作，建立了一批专业研究队伍，取得了一些有自主知识产权的技术成果，成功开展了工业级技术示范。

经初步统计，仅"十一五"期间，相关国家科技计划和科技专项针对 CCUS 基础研究与技术开发部署项目共约 20 项，总经费超过 10 亿元，其中公共财政支持约 2 亿元。"十二五"期间，针对全流程技术示范的投入力度明显加强，仅 2011 年，相关国家科技计划和科技专项已部署项目约 10 项，总经费超过 20 亿元，其中公共财政支持超过 4 亿元。

我国的示范项目增加，已建成多个全流程示范工程。中国企业近年来积极开展 CCUS 研发与示范活动，特别是在二氧化碳利用技术领域（如二氧化碳驱油）已经建成了全流程示范项目，如中国石油吉林油田 CO_2 工业分离与驱油项目和中国石化胜利油田燃烧后 CO_2 捕集与驱油项目。

CCUS 技术不仅需要技术上的支持，还需要政策上的支撑和引导，以及法律法规的保障。目前我国在这一方面的研究起步较晚。只有具备合适的金融激励措施，CCUS 技术才能得以大规模使用和商业化推广。巨额的资金需求和缺乏资金来源，决定了 CCUS 商业化推广的投融资之路绝非坦途。从全产业链的角度上分析，CCUS 商业化推广需要一系列完整的法律法规及财政激励措施。例如，CCUS 信托基金的建立、金融激励措施的引导，以及"碳"财税政策的实施等。目前，这些激励机制及保障措施的缺失是制约 CCUS 商业化推广的主要障碍之一。我国是否建立和完善相应机制和措施，解决 CCUS 的资金问题，应结合 CCUS 技术成熟度及国际形势的发展需要。因此，现阶段我国相关财政体制机制尚难以支持 CCUS 商业化推广。CCUS 技术的发展既需要国内外政策的引导和支持，更需要项目实施主体——企业的支持和参与。企业之间既有共同利益，又存在利益冲突。在 CCUS 产业链条上，设备、技术和服务供应商是绝对收益方，但煤炭、电力、石油化工等行业企业，作为项目开发业主，既可能受益，也承担技术失败、市场不发展等带来的风险，而且还面临在现有政策和市场环境下产生的利益冲突等问题。如何促进企业间合作、协调企业利益分配、促成跨部门合作，对 CCUS 的商业化推广至关重要。虽然 CCUS 出现时间还不长，但由于其特殊的复杂性和可引发的风险，国际专家学者已经意识到制定系列法律法规以规避风险是推广 CCUS 技术前必须加以谨慎解决的问题。到目前为止，欧盟、美国、澳大利亚等国家和地区已经在制定专门的 CCUS 法律法规方面做出了尝试，中国在这方面尚未起步。无论国际国内，已有的法律法规同 CCUS 技术发展的需要还存在一定的差距。

5.3.2　技术面临挑战

当前 CCUS 技术总体上仍处在研发和示范阶段，仍存在许多制约其发展的突出问题，包括能耗和成本过高、长期封存的安全性和可靠性有待验证等。

1. 高成本

高昂的捕集成本是 CCUS 技术广泛应用面临的挑战之一。在中国当前的技术条件下，不论是整体煤气化联合循环发电系统（IGCC）电厂配合燃烧前捕集技术，还是普通热电厂的燃烧后捕集技术，引入二氧化碳捕集环节都将增加大量的额外资本投入和运行维护成本，从而使总体发电成本增加。据相关数据显示，目前公认应用 CCUS 技术最成熟的领域是超临界火力发电厂。未捕集二氧化碳的超临界电厂的单位发电能耗约为 300gce/kW·h，成本为 0.2 ~ 0.3 元/kW·h；如果采用燃烧后捕集技术，在 CO_2 捕集率为 90% 的情况下，单位发电能耗将上升到 400gce/kW·h，发电成本则相应上升到 0.4 元/kW·h。若没有科学技术上的革新，CCUS 技术成本（如设备投资，运行成本）不会随着示范规模的扩大而下降，CCUS 技术的推广也将受到阻碍。

2. 高能耗

能耗方面，CCUS 技术也面临着严峻的挑战。CCUS 技术实质上是通过消耗额外的能源换取碳排放量的降低，这意味着 CCUS 技术在二氧化碳的捕集、运输、封存都需要额外的消耗。据估计，目前燃煤电厂每捕集 80% 的二氧化碳，需要额外增加 24% ~ 40% 的能耗。鉴于我国 CCUS 技术起步相对较晚，总体上仍处在研发和早期技术示范阶段，科技水平与发达国家还存在着一定的距离，如果我国将来的科技状况依然无法大幅度降低 CCUS 的能耗水平，则这一技术的推广必将受到阻碍。

3. 高风险

目前，不但高能耗高成本问题制约了 CCUS 技术的发展，技术自身收益不确定性也制约了其大规模应用。在现有科技水平下，减排成本会提高发电企业的成本，从而降低利润。在目前碳市场尚不成熟、碳价格无法补偿减排成本的情况下，私人资本的活跃程度有赖于丰厚技术应用回报。而在当今市场经济体制下，因为尚不清晰的投资回报潜力，应用碳捕集、利用与封存技术还不足以刺激私人企业资本的大量投入，从而加大了该技术的风险。

4.公众接受度

CCUS 技术的安全问题及人们对技术的不了解在一定程度上会影响公众对碳捕集、利用与封存项目的接受度。由于 CCUS 技术可能带来的环境影响、健康危害和安全风险，使技术的可靠性遭到质疑，引发了公众对环境、健康和安全等问题的担忧，从而制约 CCUS 技术大规模的应用。在一部分国家，公众态度已经成为一些 CCUS 项目无法顺利进行的重要原因。

5.4 本章小结

本章通过文献梳理和总结，从定性的角度，对我国低碳发展技术的三个方面，即减碳发展技术、无碳发展技术、去碳发展技术，进行了详细的分析与讨论；对于不同低碳技术的发展现状、相关政策法规，以及未来可能发展的趋势进行了详具体分析，以期待对不同产业不同类型的低碳技术发展提供指导。

第6章 CCUS技术规划选择研究

CCS是未来二氧化碳减排措施的主要选择之一，而其中CCUS技术是CCS技术推广应用的最可能方式。国际能源署2009年的预测表明，为实现国际能源署蓝图情景下的发展目标，到2050年世界各地必须建成3000个以上CCS项目，如图6.1所示。可见，未来CCS的发展潜力巨大。目前，CCS/CCUS技术面临的主要问题是高成本、高能耗和技术选择。本书从技术选择规划的角度，建立了不同情境下，CCUS项目的技术选择模型，期望从微观层面对碳减排问题进行研究。

6.1 研究方法

6.1.1 模型设定

CCUS本身是一个复杂的系统，包含捕集、运输、利用、封存4个环节，每个环节又有多种不同技术选择。同时区域性的CCS系统在更高层面上与社会、经济、政策、资源、环境、安全等一系列系统相关。这些子系统和系统之间及其内部组分之间存在的错综互动关系，导致系统的巨大复杂性和不确定性。鉴于CCUS系统的参数和变量大部分只能以区间的形式表达，本章将区间参数规划方法与CCUS系统相结合构建了相应的不确定性区域CCUS优

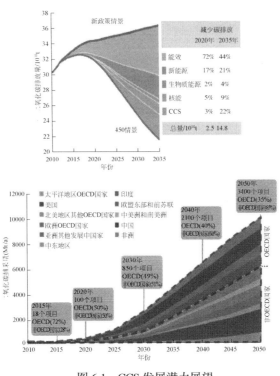

图 6.1　CCS 发展潜力展望

资料来源：国际能源署 World Energy Outlook，2011

化模型。典型的 CCUS 项目主要包括排放源、捕集技术选择、运输技术选择、利用技术选择、封存技术选择几大方面。其中，最重要的技术选择是捕集技术，因为捕集成本占到了项目总成本的 80% 左右。由于不同的工程项目具体情况差异较大，为了从通用的层面来研究，本章设定了一些特定的技术选择，以便简化研究，情景设定如图 6.2 所示。

其中，在本书的研究中排放源只考虑 3 个主要的排放源，即煤炭行业、石化行业、钢铁行业，这 3 个排放源在我国也是主要的二氧化碳排放行业，符合我国实际情况。对于捕集技术本书只考虑较为常见的四种技术，即胺液湿法洗涤 (AWS)、固体吸附 (SS)、胺液吸收 (ABA)、薄膜分离 (MS)。这四种技术的单位捕集成本和捕集效率有较大差异。对于运输技术本书只考虑管道运输，因为该种运输方式是目前陆上大规模长距离 CO_2 运输的首选技术，且从未来 CCUS 项目发展趋势来看，要想商业化推广此类项目必然选择管道运输。利用和封存方式本书仅考虑了二氧化碳驱油 (EOR) 及深部咸水层封存，从国内外目前的示范项目来看，二氧化碳驱油项目是相对具有经济效益的项目，但从大规模封存的角度来看，深部咸水层封存的封存潜力是最大的。

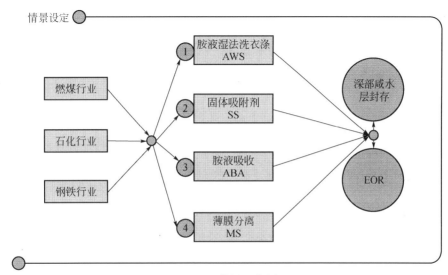

图 6.2　情景设定图

模型的目标是在满足所有约束条件下区域 CCS 系统成本的最小化，目标函数如下：

$$\min f^{\pm}=\sum_{i=1}^{m}\sum_{j=1}^{n}\sum_{k=1}^{r}CC_{jk}^{\pm}X_{ijk}^{\pm}+\sum_{i=1}^{m}\sum_{j=1}^{n}\sum_{k=1}^{r}CT_{jk}^{\pm}\eta_{j}^{\pm}X_{ijk}^{\pm}$$
$$+\sum_{k=1}^{r}CS_{k}^{\pm}X_{ks}^{\pm}+\sum_{k=1}^{r}CE_{k}^{\pm}X_{ke}^{\pm}-\sum_{k=1}^{r}PO_{k}^{\pm}\theta_{k}^{\pm}X_{ke}^{\pm}$$

(6-1)

式中，"+" 为参数上限值，"–" 为参数下限值；k 为时期，本书考虑 2015 ~ 2030 年 3 个时期；i 为捕集源，本书设定火电、炼油、钢铁 3 个 CO_2 捕集源；

j 为捕集技术，本书考虑 AWS(ammonia wet scrubbing)、SS(solid sorbents)、ABA(amine-based absorption)、MS(membrane separation) 四种捕集技术；s、e 为 CO_2 封存方式，s 为深部咸水层封存，e 为 EOR，二氧化碳驱油；X 为捕集量，单位为 Mt；CC 为不同时期捕集成本，单位为美元 /t CO_2；CT 为不同时期运输成本，单位为美元 /t CO_2；CS 为不同时期封存成本，单位为美元 /t CO_2；CE 为不同时期驱油成本，单位为美元 /t CO_2；PO 为原油价格，单位为美元 /t；θ_k 为驱油率，单位为 %；η 为捕集率，单位为 %。

约束条件考虑了 CO_2 削减目标、碳配额、封存能力上限、质量守恒、驱油能力上限等。

1. 恒等式

$$X_{ks}^{\pm} + X_{ke}^{\pm} = \eta_j^{\pm} X_{ijk}^{\pm} \tag{6-2}$$

式中，$\eta_j^{\pm}$ 为不同捕集技术的捕集率；$X_{ks}^{\pm}$ 为不同时期咸水层封存的 CO_2 量；$X_{ke}^{\pm}$ 为不同时期驱油的 CO_2 量。

2. 封存能力上限

$$\sum_{k=1}^{r} X_{ks}^{\pm} \leqslant SC^{\pm} \tag{6-3}$$

式中，SC 为封存能力上限。

3. 驱油能力上限

$$\sum_{k=1}^{r} X_{ke}^{\pm} \leqslant EC^{\pm} \tag{6-4}$$

式中，EC 为驱油能力上限。

4. CO_2 目标削减量

$$\sum_{i=1}^{m} \sum_{j=1}^{n} \sum_{k=1}^{r} \eta_j^{\pm} X_{ijk}^{\pm} \geqslant T^{\pm} \tag{6-5}$$

式中，T 为 CO_2 目标削减量。

5. 排放量约束

$$\sum_{j=1}^{n} X_{ijk}^{\pm} = E_{ik}^{\pm} \tag{6-6}$$

式中，E 为行业二氧化碳排放量。

6. 碳配额约束

$$\sum_{j=1}^{n} X_{ijk}^{\pm}(1-\eta_{j}^{\pm}) \leqslant Q_{ik}^{\pm} \tag{6-7}$$

式中，$Q_{ik}^{\pm}$ 为排放源 i 在时期 k 的 CO_2 排放配额。

7. 非负约束

$$X_{ijk}^{\pm} \geqslant 0 \tag{6-8}$$

6.1.2　求解方法

区间规划的一般形式如下：

$\mathrm{Min}\, f^{\pm} = C^{\pm} X^{\pm}$

subject to

$A_{i}^{\pm} X^{\pm} \leqslant B_{i}^{\pm}$

$X^{\pm} \geqslant 0$

$x_{i}^{\pm} =$ 不确定性连续变量; $x_{j}^{\pm} \in X^{\pm}, \forall j=1, 2, \cdots, k(k<n)$

$x_{i}^{\pm} =$ 不确定性整数变量; $x_{j}^{\pm} \in X^{\pm}, \forall j=k+1, k+2, \cdots, n$

$x_{j}^{\pm} \geqslant 0, j=1, 2, 3, \cdots, n; A_{i}^{\pm} \in A^{\pm}, B_{i}^{\pm} \in B^{\pm}, \forall i$

其中 $A^{\pm} \in (R^{\pm})^{m \times n}$、$B^{\pm} \in (R^{\pm})^{m \times 1}$、$C^{\pm} \in (R^{\pm})^{1 \times n}$，其中 $R^{\pm}$ 表示区间集。

求解方法：

根据 Huang 等[136, 137]，先求解以下模型：

$$\text{Min} f^- = \sum_{j=1}^{k} c_j^- x_j^- + \sum_{j=k+1}^{n} c_j^- x_j^+$$

subject to

$$\sum_{j=1}^{k} |a_{ij}|^+ sign(a_{ij}^+) x_j^+ + \sum_{j=k+1}^{n} |a_{ij}|^- sign(a_{ij}^-) x_j^- \leq b_i^-, \forall i$$

$$x_j^+ \geq 0, \forall j$$

其中，$|a_{ij}|$ 为 a_{ij} 的绝对值，$sign(a_{ij})$ 为 a_{ij} 的正负符号，最优解为 $x_{j,*}^-$($j=1, 2, \cdots,$ k)、$x_{j,*}^+$($j=k+1, k+2, \cdots, n$)、f_*^-。

然后求解以下模型：

$$\text{Min} f^+ = \sum_{j=1}^{k} c_j^+ x_j^+ + \sum_{j=k+1}^{n} c_j^+ x_j^-$$

Subject to

$$\sum_{j=1}^{k} |a_{ij}|^- sign(a_{ij}^-) x_j^+ + \sum_{j=k+1}^{n} |a_{ij}|^+ sign(a_{ij}^+) x_j^- \leq b_i^+, \forall i$$

$$x_j^+ \geq x_{j,*}^-, j=1, 2, \cdots, k$$

$$x_j^- \leq x_{j,*}^+, j=k+1, k+2, \cdots, n$$

$$x_j^{\pm} \geq 0, \forall j$$

可以得到最优解：$x_{j,*}^+$($j=1, 2, \cdots, k$)、$x_{j,*}^-$($j=k+1, k+2, \cdots, n$)、f_*^+，前面已经得到 $x_{j,*}^-$($j=1, 2, \cdots, k$)、$x_{j,*}^+$($j=k+1, k+2, \cdots, n$)、f_*^-。因此，该区间混合整数规划问题的最优解为：$x_{j,*}^{\pm}=[x_{j,*}^-, x_{j,*}^+]$、$f_*^{\pm}=[f_*^-, f_*^+]$。

6.2 数据来源

本章数据主要来源于参考文献、IEA 报告，以及国内某些油田的实际生产数据。由于本章结果表述是以桶为单位的美元价格，因此本章采用了国际间通用的吨与桶的换算系数。国际间在计算石油产供销时主要采用两种方法：一种是按容积计算，用桶或升表示；另一种是按重量计算，用吨表示。国际上计算石油的年产量、消费量等习惯用 t，而计算石油的日产量、消费量和出口量等时则用桶。石油因比重的不同，不同地区所产石油的重量也略有差异。目前国际石油界在进行原油重量、容积折算时，一般以世界平均比重的沙特阿拉伯 34 度轻原油为准。这种原油每吨折合 7.33 桶。对于原油采收率，我们采用大庆油田和胜利油田的工程实际平均数据，设定为 0.25 ~ 0.33t 油 / tCO_2。部分技术数据来源于参考文献[121-123]，其余数据，如碳配额等，来源笔者外生设定。具体情景参数设定如表 6.1 所示。

表 6.1　情景设定

	排放源	$t=1$	$t=2$	$t=3$
运输成本 /(美元 /t)	电力行业	[2.2, 2.8]	[1.8, 2.3]	[1.2, 1.9]
	石油化工	[1.8, 2.4]	[1.2, 1.7]	[0.8, 1.3]
	钢铁行业	[3.3, 3.9]	[2.7, 3.2]	[2.2, 2.8]
	排放源	$t=1$	$t=2$	$t=3$
碳排放量 / Mt	电力行业	[31, 33]	[35, 37]	[39, 41]
	石油化工	[21, 23]	[23, 25]	[25, 27]
	钢铁行业	[13, 15]	[14, 16]	[15, 17]
	排放许可	70%	50%	30%
封存容量 / Mt	封存方式			
	深部咸水层	[200, 240]		
	EO_2	[50, 100]		
削减量目标		140 Mt		
封存成本 /(美元 /t)	封存方式	$t=1$	$t=2$	$t=3$
	深部咸水层封存成本	[5.8, 6.4]	[5, 5.7]	[4.4, 5.2]
	EOR 成本	[6.96, 7.68]	[6, 6.84]	[5.28, 6.24]

续表

捕集技术		$t=1$	$t=2$	$t=3$	捕集率/%
捕集成本/(美元/t)	AWS	[52, 61]	[46, 55]	[40, 50]	[0.66, 0.95]
	SS	[47, 59]	[41, 53]	[34, 45]	[0.57, 0.90]
	ABA	[61, 68]	[54, 63]	[45, 56]	[0.68, 0.94]
	MS	[71, 80]	[65, 74]	[60, 68]	[0.75, 0.98]

6.3　主要结论

通过建立 CCUS 技术选择优化模型，基于区间规划理论，经计算我们得到了以下结果。

图 6.3 展示了不同时期、不同二氧化碳排放源的不同捕集技术选择结果。从图 6.3 中可以看出，技术选择结果有较大差异。对于发电行业，在强制减排的初期，减排压力较小，因此，应选用成本较低的 SS 技术，但相对捕集率较低。随着减排压力的增大，发电行业逐渐选择成本稍高但捕集效率有所提升的 AWS 技术，以便满足不断增长的碳捕集需求。在大规模推广阶段，发电行业应逐渐采用成本更高但捕集效率最高的 MS 技术，在这一阶段不应单纯依赖一种捕集技术，而应是多种捕集技术的组合；对于石油化工行业，不论在哪个阶段，AWS 技术都应作为主要的捕集技术。在大规模强制减排阶段，也应建立组合捕集技术；同理，对于钢铁行业，捕集技术的选择随着强制减排压力的增大，应从 SS 技术逐步转向增加 AWS 技术。由此可见，捕集技术的选择不应只考虑成本，而应是多种因素的综合选择结果。

对于 EOR 或者咸水层封存的选择，本书做了一个较为极端的参数输入，

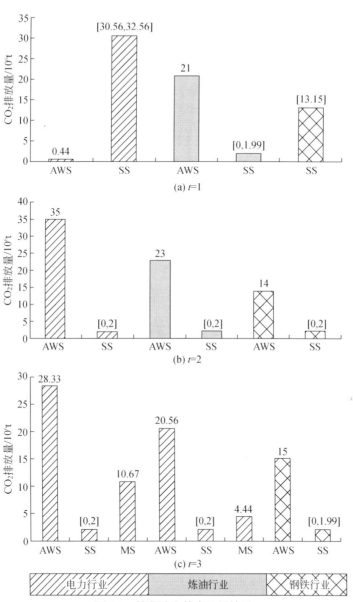

图 6.3　捕集阶段技术选择结果

即油价从无到有，从 0 美元 / 桶增长到 5 美元 / 桶，来看优化结果的变化如表 6.2 所示。在不考虑石油增采收益时，无论在哪个时期，均以咸水层封存作为封存技术的首选，当咸水层封存能力到达上限的时候，才开始考虑二氧化碳驱油，但实际上这种情况是不存在的，因为总有一部分增油收益；当考虑石油增采收益时，在强制减排的初期阶段，应该首先选择咸水层封存，这主要是由于目前利用咸水层封存的成本相对 EOR 较小。随着强制减排压力的增大及收益的提高，EOR 逐渐变为二氧化碳利用的首选方式，因为带来的额外收益弥补了 EOR 的成本。

表 6.2　封存方式选择表

油价：0 美元 / 桶				
时期		$t=1$	$t=2$	$t=3$
上限	封存	64.97	73.80	30.90
	驱油	0	0	50
下限	封存	38.98	47.52	3.50
	驱油	0	0	50

油价：5 美元 / 桶				
时期		$t=1$	$t=2$	$t=3$
上限	封存	64.97	73.80	30.90
	驱油	0	0	50
下限	封存	38.98	1.02	0
	驱油	0	46.5	53.5

本书依据油价从低到高的变化做了运行成本与油价的成本收益曲线，见图 6.4。从图 6.4 中可知，在本书设定的情景中，当油价为 46 美元 / 桶左右时，CCUS 项目的运行成本接近为 0。随着油价的增长，增油收益将超过运行成本。

本章实际调研了中国某 CCUS 示范工程的运行数据，如表 6.3 所示，可见运行成本占到了其项目总成本的 70% 左右。假设按照该 CCUS 示范工程的数据推算，本章可以得出图 6.4 中的红色线，当油价达到 60 美元 / 桶以上的时候，在本章的情景假设中可以达到 CCUS 项目的盈亏平衡。本书需要说明的是，

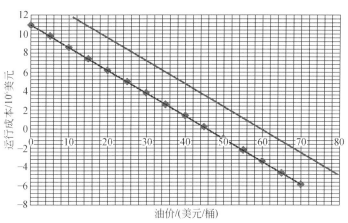

图 6.4　油价与运行成本曲线

这一数据并没有太大参考意义，由于每个项目的实际情况不同，成本差异较大。据调研，只有该油田内部核算达到 110 美元／桶以上时，企业的 CCUS 项目才能收支平衡。显然，这与本章的计算结果差距较大。本章在这里只是提供了一种研究思路，无法给出具体的准确结果。

表 6.3　实际油田数据（不考虑余热回收利用）

项目	4 万 t/a	50 万 t/a	100 万 t/a
固定成本比重 /%	21.71	31.28	24.25
运行成本比重 /%	78.29	68.72	75.75
总成本	100	100	100

6.4　本章小结

本章建立了在一个特定情景下的 CCUS 项目技术选择优化模型，并依据区间规划的研究方法，计算了不同阶段、不同排放源的技术选择结果，得到以下结论及启示。

（1）在选择捕集技术时，捕集成本并非唯一考虑因素，应综合考虑捕集效率。随着行业排放许可的降低，捕集效率将成为主要考虑指标。

（2）如果实施强制减排，在排放许可较大、驱油收益较小时，咸水层封存是 CCS 首要选择方式。

（3）随着驱油收益的增加和排放许可的减少，驱油是 CCS 的主要选择方式。

（4）设定情景下，当油价达到 46 美元 / 桶左右时，CCS 每年的运行成本可以被二氧化碳驱油收益抵消。

（5）相对于固定投资成本，运行成本比重更大，应减少运行成本，特别是捕集成本。

第7章 总　　结

7.1　结论及政策建议

二氧化碳减排问题是目前国内外研究的焦点，特别是中国的碳减排问题已经引起国际社会的普遍关注。基于二氧化碳总量减排的大背景，本书对我国的减排路径及对策进行了建模、分析与探讨。第一，本书对我国能源消费及能源相关的二氧化碳排放现状，以及近几年的碳流变化情况进行了分析讨论；第二，在总量减排的目标下，本书对我国未来社会经济、产业发展方式，从自上向下的角度进行了优化分析；第三，本书应用 LMDI 方法和脱钩理论，对我国能否实现 2030 年碳排放达峰这一目标进行了探讨；第四，从行业和技术的角度来分析碳减排必要性，对我国的关键减排行业和减排技术进行了定量分析；第五，本书对去碳技术（如 CCUS）的选择进行了分析与讨论。

7.1.1　本书得出以下主要结论

（1）煤炭和石油是我国二氧化碳的主要载体，它们占到了我国社会经济系统中总碳流的 97% 以上。在终端排放部门，75% 以上的二氧化碳都流向了几个主要部门，如黑色金属制造业和化学工业。

（2）虽然在过去几年中，我国能源加工转换系统的生产效率在不断提升，但是由于对电力和热力需求的不断增长，我国二氧化碳的加工转换损失量仍然在不断增长，且增量较大，需要引起重视。

（3）在黑色金属制造业和化学工业，碳排放量主要来自于能源相关的二氧化碳排放量，生产过程排放量所占比例相对较小。但是在非金属矿业制品业，生产过程相关的二氧化碳排放量已经超过了能源相关的二氧化碳那排放量。在不同的终端部门，二氧化碳的能源载体有较大不同。

（4）碳排放强度变动是碳减排的主要推动因素。最终需求变动对碳排放总量的增加有明显拉动作用，近年来技术经济结构变动对其拉动作用由正变负；2002～2010年，碳排放强度平均0.74个百分点才能抵消最终需求增长1%带来的碳排放量增加。

（5）在预期经济增长的前提下，要协调碳排放强度的下降和产业结构的变动才能达到碳排放增量最小，要特别关注采矿业，炼焦、燃气及石油加工业，化学工业，非金属矿物制品业等行业的指标控制；在保持一定经济增长规模的前提下，总量减排在短期内难以实现，但可以实现。

（6）GDP增长对我国碳排放量的拉动作用最大，最大的拉动作用出现在2006～2007年；另外，能源强度和碳排放系数调整对我国的碳减排具有较大的推动作用。总体来看，经济增长的推动效应，远远大于其他因素对碳排放量增长的抑制效应。

（7）碳排放增量按照预计的减少趋势必须有强脱钩效应，但依据目前的脱钩效应现状，我国2030年碳排放量达峰实现难度较大。

（8）在选择捕集技术时，捕集成本并非唯一考虑因素，应综合考虑捕集效率。随着行业排放许可的降低，捕集效率将成为主要考虑指标。如果实施强制减排，在排放许可较大、驱油收益较小时，咸水层封存是CCS首要选择方式。

（9）随着驱油收益的增加和排放许可的减少，驱油是 CCS 的主要选择方式。相对于固定投资成本，运行成本比重更大，应减少运行成本，特别是捕集成本。

7.1.2 基于以上结论，本书给出以下政策建议

（1）不同部门的二氧化碳减排政策应该有针对性，对于碳排放流较大的部门应该制定更加严格的减排政策。例如，能源加工转化部门，该部门的减排对于我国的总体减排起到更加重要的作用。应该重点对黑色金属制造业、化学工业和非金属矿物制品业制定减排政策，特别是要求这些工业部门的生产过程碳排放量的减少，因为这 3 个部门无论是碳排放总量还是生产过程碳排放量在终端部门排放量中的比重均较大。最后，政府应该从不同能源载体的角度制定减排政策，如加大清洁能源的使用，减少煤炭的使用等。

（2）继续降低 CG 炼焦、燃气及石油加工业，CI 化学工业，MN 非金属矿物制品业，MP 金属产品制造业，TS 运输仓储邮政、信息传输、计算机服务和软件业的碳排放强度；关注和解决 C 建筑业，WR 批发零售贸易、住宿和餐饮业，RE 房地产业，租赁和商务服务业的碳排放强度降低所产生的回弹效应；继续推进产业结构优化，重视 A 农、林、牧、渔业，M 采矿业，MN 非金属矿物制品业，TS 运输仓储邮政、信息传输、计算机服务和软件业的技术经济结构变动对我国二氧化碳减排的推动作用；合理增加 RE 房地产业，租赁和商务服务业，TS 运输仓储邮政、信息传输、计算机服务和软件业，MP 金属产品制造业，CI 化学工业，OM 其他制造业的产业比重。

（3）政府应该继续加大二氧化碳减排力度，并重视碳总量减排指标的制定，继续推广高效节能低排放的低碳发展技术，并重视 CCUS 技术的发展。

_107

7.2　后续研究计划

全球气候变暖日益引起国际社会的普遍关注，并成为世界各国共同面临的危机和挑战。中国作为世界第一大二氧化碳排放国，未来碳排放总量仍将继续增长，中国的二氧化碳总量减排压力将会越来越大。因此，对于研究在总量减排目标的背景下如何选择合适的二氧化碳减排路径，是十分必要的。虽然本书对这一课题做了部分工作，但是比较粗浅，尚有许多不完善之处，需要进一步研究。

（1）本书的研究仅是围绕我国碳总量减排这个主题进行拓展，各章节之间相对独立，未建立系统的大规模的碳减排优化模型，期望在后续研究中实现。

（2）本书第5章关于行业减排技术的研究，只是基于定性分析，未进行定量计算，希望在以后的研究中建立行业技术减排的定量化模型，以便更具有理论价值。

（3）碳减排领域研究包含较多的研究内容，如低碳交通、新能源汽车等。由于笔者精力有限，未在本书中加以呈现，希望在以后的研究中有所突破。

本书还有很多需要改进之处，期待在今后的研究中取得更深入的和更有价值的研究成果。

参考文献

[1] 殷永元，王桂新.全球气候变化评估方法及其应用.北京：高等教育出版社，2004.

[2] 魏一鸣，吴刚，刘兰翠，等.能源 - 经济 - 环境复杂系统建模与应用进展.管理学报，2005, 2(2): 159-162.

[3] Jebaraj S, Iniyan S. A review of energy models. Renewable and Sustainable Energy Reviews, 2006, 10(4): 281-311.

[4] Toshihiko Nakata.Energy-economic models and the environment. Progress in Energy and Combustion Science, 2004, 30: 417-475.

[5] 张阿玲，郑淮，何建坤.适合中国国情的经济、能源、环境 (3E) 模型.清华大学学报 (自然科学版)，2002, 42(12): 1616-1620.

[6] IPCC. Climate change 2001: mitigation: contribution of Working Group 3 to the third assessment report of the Intergovernmental Panel on climate change. Cambridge: Cambridge University Press, 2001: 200-264.

[7] Zhang Z X. Macroeconomic Effects of CO_2 Emissions Lim its: A computable General Equilibrium Analysis for China.Journal of policy modeling, 1998, 20 (2): 213-250.

[8] 郑玉歆，樊明太.中国 CGE 模型及其政策分析.北京：社会文献出版社，1999.

[9] 王灿，陈吉宁，邹骥.基于 CGE 模型的 CO_2 减排对中国经济的影响.清华大学学报 (自然科学版)，2005, 45(12): 1621-1624.

[10] Garbaeeio R F, Ho M S, Jorgensen D W. Controlling carbon emissions in China. Environment and Development Economics, 1999, 4: 493-518.

[11] Masui T. Policy evaluations under environmental constraints using a computable general equilibrium model. European Journal of Operational Research, 2005, 166: 843-855.

[12] Kosugi T, Tokimatsu K, Yoshicla H. Evaluating new CO_2 reduction technologies in Japan up to 2030. Technological Forecasting & Social Change, 2005, 72: 779-797.

[13] Lu C Y, Zhang X L, He J K. A CGE analysis to study the impacts of energy investment on economic growth and carbon dioxide emission: A case of Shaanxi Province in western China. Energy, 2010, 35(11): 4319-4327.

[14] 沈可挺.CGE 模型在全球温室气体减排中国国家战略研究中的应用分析.北京：中国社会科学院硕士学位论文，2002.

[15] 张树伟 . 基于一般均衡 (CGE) 框架的交通能源模拟与政策评价 . 北京 : 清华大学博士学位论文 , 2007.

[16] Chung W, Wu Y J, Fuller J D. Dynamic energy and environment equilibrium model for the assessment of CO_2 emission control in Canada and the USA. Energy Economics, 1997, 19: 103-124.

[17] Kunsch P, Springael J. Simulation with system dynamics and fuzzy reasoning of a tax policy to reduce CO_2 emissions in the residential sector.European Journal of Operational Research, 2008, 185: 1285-1299.

[18] Kwon T H. A scenario analysis of CO_2 emission trends from car travel: Great Britain 2000-2030.Transport Policy, 2005, 12: 175-184.

[19] Kawase R. Decomposition analysis of CO_2 emission in long-term climate stabilization scenarios. Energy Policy, 2006, 34: 2113-2122.

[20] Fan Y Liang Q M, Wei Y M, et al. A model for China's energy requirements and CO_2 emissions analysis. Environmental Modelling & Software, 2007, 22(3): 378-393.

[21] Fankhauser S, Kverndokk S.The global warming game-Simulations of a CO_2-reduction agreement .Resource and Energy Economics, 1996, 18: 83-102.

[22] Arar J I, Southgate D. Evaluating CO_2 reduction strategies in the US. Ecological Modelling, 2009, 220: 582-588.

[23] Lia X C, Ohsumi T, Koide H, et al. Near-future perspective of CO_2 aquifer storage in Japan: Site selection and capacity. Energy, 2005, 30 : 2360-2369.

[24] Svensson R, Odenberger M, Johnsson F, et al. Transportation systems for CO_2—application to carbon capture and storage. Energy Conversion and Management, 2004, 45: 2343-2353.

[25] 李永 , 陈文颖 , 刘嘉 . 二氧化碳收集与封存的源汇匹配模型 . 清华大学学报 (自然科学版), 2009, 49(6): 910-912.

[26] Fishbone L. User's Guide for MARKAL, BNL-51701, Brookhaven National Laboratory. New York: USE, 1983.

[27] Goldstein G A.PC-MARKAL and the MARKAL Users Support System (MUSS). Brookhaven National Laboratory, New York, USA, 1991: 150-189.

[28] Commonwealth of Australia. User Manual ANSWER MARKAL, An Energy Policy Optimization Tool . Australia: The Australian Bureau of Agricultural and Resource Economics, 1999.

[29] 陈文颖 , 高鹏飞 , 何建坤 . 用 MARKAL-MACRO 模型研究炭减排对中国能源系统的影响 . 清华大学学报 (自然科学版), 2004, 44(3): 342-346.

[30] Sato O, Tatematsu K, Hasegawa T. Reducing Future CO_2 Emissions, the Role of Nuclear

Energy .Progress in Nuclear Energy, 1998, 32 (314): 323-330.

[31] Ybema J R, Incorporating the long term risk for deep emission reduction in near term CO_2 mitigation strategies. Journal of Hazardous Materials, 1998, 61: 217-227.

[32] Gielen D, Chen C. The CO_2 emission reduction benefits of Chinese energy policies and environmental policies. Ecological Economics, 2001, 39: 257-270.

[33] Ichinohe M, Endo E. Analysis of the vehicle mix in the passenger-car sector in Japan for CO_2 emissions reduction by a MARKAL model. Applied Energy, 2006, 83: 1047-1061.

[34] Hill D. A multinational model for CO_2 reduction. Energy Policy, 1996, 24(1): 31-51.

[35] Ko F K. Long-termCO_2 emissions reduction target and scenarios of power sector in Taiwan. Energy Policy, 2010, 38: 288-300.

[36] Joost S. The Long-range Energy Alternatives Planning model (LEAP) and Wood Energy Planning. 2004.

[37] Wang K, Wang C, et al. Scenario analysis on CO_2 emissions reduction potential in China's iron and steel industry. Energy Policy, 2007, 35: 2320-2335.

[38] Morita T. Thematic Guide to Integrated Assessment Modeling: The Asian-Pacific Integrated Model. http: //sedac.ciesin.co.lumbia.edu/mva/iamcc.tg/TGsec4-2-8.html, 01/06, 1996, 2004.

[39] Jiang K J, Toshihiko M, Morita T, et al. Long-Term GHG Emission Scenarios for Asia-Pacific and the World. Technological Forecasting and Social Change, 2000, 63: 207-229.

[40] 胡秀莲，姜克隽.中国温室气体减排技术与对策评价.北京：中国环境科学出版社，2001.

[41] Wang C. CO_2 mitigation scenarios in Chinas road transport sector. Energy Conversion and Management, 2007, 48: 2110-2118.

[42] Akimoto K, Takagi M, Tomoda T. Economic evaluation of the geological storage of CO_2 considering the scale of economy. International journal of greenhouse gas control, 2007, 1: 271-279.

[43] 胥蕊娜，陈文颖，吴宗鑫.电厂中 CO_2 捕集技术的成本及效率.清华大学学报 (自然科学版)，2009, 49 (9): 103-106.

[44] 黄斌，刘练波，许世森.二氧化碳的捕获和封存技术进展.发电技术，2007, 40(3): 14-17.

[45] Utamura M. Analytical model of carbon dioxide emission with energy payback effect. Energy, 2005, 30: 2073-2088.

[46] Wahbaa M, Hope C.The marginal impact of carbon dioxide under two scenarios of future emissions. Energy Policy, 2006, 34: 3305-3316.

[47] Dooleya J J, Dahowskib R T. Large-Scale U.S. Unconventional Fuels Production and the

Role of Carbon Dioxide Capture and Storage Technologies in Reducing Their Greenhouse Gas Emissions. Energy Procedia, 2009, 1: 4225-4232.

[48] Bistline J E, Rai V. The role of carbon capture technologies in greenhouse gas emissions-reduction models: A parametric study for the U.S. power sector. Energy Policy, 2010, 38: 1177-1191.

[49] Fan Y, Liang Q M, Wei Y M, et al. A model for China's energy requirements and CO_2 emissions analysis. Environmental Modelling & Software, 2007, 22(3): 378-393.

[50] Skelly D. Models of the National Energy Modeling System. http: //www.eia.doe.gov/ bookshelf/modeldir2001/NationalEnergy.html. 2004.

[51] Schrattenholzer L, Criqui P. A Longer-term Oulook on Future Energy System s. International Journal of Global Energy Issues, 2000, 14 (124): 348-373.

[52] Capros P. MIDAS. http: //www. Worldbank.org/html/fpd/em/power/EA /methods/istmidas. stm. 2004.

[53] 张阿玲，李继峰.构建中国的能源 - 经济 - 环境系统评价模型.清华大学学报（自然科学版），2007. 47(9): 1537-1540.

[54] 郑准，张阿玲，何建坤，等.对我国未来减排温室气体的评价模型及应用.数量经济技术经济研究，2003, 10: 81-85.

[55] Kainuma M, Matsuoka Y, Morita T. Estimation of embodied CO_2 emissions by general equilibrium model. European Journal of Operational Research, 2000. 122: 392-404.

[56] 李继峰，张阿玲.国际能源 - 经济 - 环境综合评价模型发展评述.能源政策研究，2006，1(5): 33-39.

[57] Garry P. UK energy flow chart 2007. http: /rs.resalliance.org/2008/09/05/ uk-energy-flow-chart-2007/. 2008.

[58] Osaka University. Energy Sankey diagram for Japan. http: //www.sankey-diagrams.com/tag/ japan/. 2007.

[59] Environmental Data Compendium. Energy flow chart for the Netherlands, 2002. http: // www.mnp.nl/mnc/i-en-0201.html. 2003.

[60] Lawrence Livermore National Laboratory. US energy and carbon flow chart. https: // flowcharts.llnl.gov/index.html. 2011.

[61] Li Z, Fu F, Ma L W, et al. China's energy flow chart based on energy balance sheet. Energy of China, 2006, 28 (9): 5-10.

[62] Xie S C, Chen C H, Li L I, et al. The energy related carbon dioxide emission inventory and carbon flow chart in Shanghai City. China Environmental Science, 2009, 29(11): 1215-1220.

[63] Lawrence Livermore National Laboratory. 2011. US energy and carbon flow chart.

https://flowcharts.llnl.gov/index.html. 2011.

[64] Xie S C, Chen C H, Li L I, et al. The energy related carbon dioxide emission inventory and carbon flow chart in Shanghai City. China Environmental Science, 2009, 29(11): 1215-1220.

[65] Zhang M, Mu H L, Ning Y D. Accounting for energy-related CO_2 emission in China, 1991–2006. Energy Policy, 2009, 37: 767-773.

[66] Paul S, Bhattacharya R N. CO_2 emission from energy use in India: a decomposition analysis. Energy Policy, 2004, 32, 585-593.

[67] Sun J W. The nature of the CO_2 emissions Kuznets curve. Energy Policy, 1999; 27: 691-694.

[68] Hsu C C, Chen C Y. Investigating strategies to reduce CO_2 emissions from the power sector of Taiwan. International Journal of Electrical Power& Energy Systems 2004; 26: 487-492.

[69] Savabi M R, Stockle C O. Modelling the possible impact of increased CO_2 and temperature on soil water balance, crop yield and soil erosion. Environmental Modelling & Software, 2001, 16: 631-640.

[70] Gielen D, Moriguchi Y. Modelling CO_2 policies for the Japanese iron and steel industry. Environmental Modelling & Software, 2002, 17: 481-495.

[71] Christodoulakis N M, Kalyvitis S C, Lalas D P, et al. Forecasting energy consumption and energy related CO_2 emissions in Greece: an evaluation of the consequences of the Community Support Framework II and natural gas penetration. Energy Economics, 2000, 22: 395-422.

[72] Leontief W. Environmental repercussions and the economic structure: an input–output approach. The Review of Economics and Statistics, 1970, 52(3): 262-271.

[73] Hawdon D, Pearson P. Input–output simulations of energy, environment, economy interactions in the UK. Energy Economics, 1995, 17 (1): 73-86.

[74] Schaeffer R, LealdeSa A. The embodiment of carbon associated with Brazilian imports and exports. Energy Conversion and Management, 1996, 37 (6-8): 955-960.

[75] Kondo Y, Moriguchi Y. CO_2 emissions in Japan: Influences of imports and exports. Applied Energy, 1998, 59(2-3): 163-174.

[76] Machado G, Schaeffer R, Worrell E. Energy and carbon embodied in the international trade of Brazil: an input–output approach. Ecological Economics, 2001, 39 (3): 409-424.

[77] Leontief W W. Quantitative Input and output relations in the economic system of the United States. Review of Economic Statistics, 1936, 18(3): 105-125.

[78] Li J H. Weighted average decomposition SDA model and its application in China's economic development in the third industrial. Systems Engineering, 2004, 9: 69-73.

[79] 顾培亮. 系统分析与协调. 天津：天津大学博士学位论文，1995.

[80] Ang BW, Choi K. Decomposition of aggregate energy and gas emission intensities for industry: a refined divisia index method.Energy, 1997, 18(3): 59-74.

[81] Tunc G I, Turut S, Akbostanci E. A decomposition analysis of CO_2 emissions from energy use: Turkish case. Energy Policy, 2009, 37(11): 4689-4699.

[82] Ang B W, Zhang F Q, Choi K. Factorizing changes in energy and environmental indicators through decomposition.Energy, 1998, 23(6): 489-495.

[83] Liu L C, Fan Y, Wu G, et al. Using LMDI method to analyze the change of China's industrial CO_2 emissions from final fuel use: an empirical analysis. Energy Policy, 2007, 35(11): 5892-5900.

[84] Sun J W, Ang B W. Some properties of an exact energy decomposition model. Energy, 2000, 25: 1177-1188.

[85] Diakoulaki D, Mandaraka M. Decomposition analysis for assessing the progress indecoupling industrial growth from CO_2 emissions in the EU manufacturing sector. Energy Econ, 2007, 29: 636-64.

[86] 麦肯锡.节能减排的坚实第一步:浅析中国"十一五"节能减排目标.2009.

[87] 国务院.节能减排"十二五"规划.2012.

[88] 魏一鸣.中国能源报告 (2008): 碳排放研究.北京:科学出版社,2008.

[89] 工业和信息化部.工业节能"十二五"规划.2012.

[90] 工业和信息化部.钢铁行业生产经营规范条件.2012.

[91] 国家标准化管理委员会.粗钢生产主要工序单位产品能源消耗限额 (GB 21256—2007). 2007.

[92] 国家标准化管理委员会.焦炭单位产品能源消耗限额 (GB 21342—2013). 2013.

[93] 国家发展和改革委员会.钢铁产业发展政策.2006.

[94] 国务院.钢铁产业调整和振兴规划.2009.

[95] 国家发展和改革委员会.产业结构调整指导目录.2015.

[96] 国务院.国家中长期科学和技术发展规划纲要 (2006-2020 年). 2005.

[97] 国家发展和改革委员会.国家重点节能技术推广目录 (1-6 批). 2008.

[98] 工业和信息化部.钢铁企业烧结余热发电技术推广实施方案.2009.

[99] 工业和信息化部.钢铁工业节能减排指导意见.2010.

[100] 全国人民代表大会.循环经济法.2008.

[101] 国家标准化管理委员会.钢铁企业节能设计规范 (GB 50632—2010). 2010.

[102] 国家标准化管理委员会.钢铁企业节水设计规范 (GB50506—2009). 2009.

[103] 国家标准化管理委员会.水泥工业大气污染物排放标准 (GB4915—2013). 2013.

[104] 国家标准化管理委员会.水泥窑协同处置固体废物污染控制标准 (GB 30485—2013). 2013.

[105] 国家环境保护部.水泥窑协同处置固体废物环境保护技术规范 (HJ 662—2013). 2013.

[106] 曾学敏，俞为民，胡芝娟.水泥企业能效对标指南综述.水泥，2009(6): 1-9.

[107] 国务院.国务院关于进一步加强淘汰落后产能工作的通知 (国发〔2010〕7 号). 2010.

[108] 工业和信息化部.石油和化学工业"十二五"发展规划. 2012.

[109] 2013-2017 年中国智能建筑行业市场前景与投资战略规划分析报告. 2013.

[110] 沈连红.论我国建筑节能技术应用现状及发展.建筑科学，2013，(6).

[111] 中国市场报告网.中国能源使用未来趋势研究报告 (2016 年版). 2016.

[112] 住房和城乡建设部."十二五"建筑节能专项规划. 2012.

[113] 周菁，李昊.太阳能行业发展分析报告.应用科技，2014(4): 95-96.

[114] 吕靖峰.我国风能产业发展及政策研究.北京：中央民族大学硕士学位论文，2013.

[115] 全国人民代表大会.可再生能源法. 2009.

[116] 电力工业部.风力发电场并网运行管理规定. 1994.

[117] 财政部，建设部.可再生能源建筑应用专项资金管理暂行办法. 2006.

[118] 黄梦华.中国可再生能源政策研究——借鉴欧盟的可再生能源政策经验.青岛：青岛大学硕士学位论文，2011.

[119] 国务院.国家中长期科学和技术发展规划纲要 (2006-2020 年). 2006.

[120] 国家科学科学技术部.中国应对气候变化科技专项行动. 2007.

[121] Huang G H, Baetz B W, Patry G G. Capacity planning for an integrated waste management system under uncertainty: A North American case study. Waste Management and Research, 1997, 15(5): 523-546.

[122] Zhang X D, Huang G. Identification of management strategies for CO_2 capture and sequestration under uncertainty through inexact modeling. Applied Energy, 2014, 113: 310-317.

[123] 吴倩.不确定性条件下的区域碳捕集与封存系统优化研究.北京：华北电力大学硕士学位论文，2014.